勘查技术与工程专业卓越工程师教育培养实训指导教材
中国地质大学(武汉)2021年实验教材项目资助

泥浆工艺实训指导书

NIJIANG GONGYI SHIXUN ZHIDAOSHU

蔡记华　杨现禹　乌效鸣　胡郁乐　等编著

内容提要

本书为中国地质大学(武汉)勘查技术与工程专业“泥浆工艺实训”课程的教学用书,由概述、钻井液基本性能及测试方法、“八大地层”专题和综合性工程案例组成,旨在培养学生正确地测试钻井液的性能参数,并能根据复杂地层特点和钻进工艺要求,设计、配制钻井液并维护其性能。该书旨在助力学生顺利地完成“泥浆工艺实训”课程教学任务,也期待能为钻探专业人才培养特别是学生实践能力的提高提供有益的指导。

图书在版编目(CIP)数据

泥浆工艺实训指导书/蔡记华等编著.—武汉:中国地质大学出版社,2022.7

ISBN 978-7-5625-5147-8

Ⅰ.①泥…
Ⅱ.①蔡…
Ⅲ.①钻井液-教材
Ⅳ.①TE254

中国版本图书馆 CIP 数据核字(2021)第 225684 号

泥浆工艺实训指导书 蔡记华 杨现禹 乌效鸣 胡郁乐 **等编著**

责任编辑:韩 骑 选题策划:张晓红 韩 骑 责任校对:何澍语

出版发行:中国地质大学出版社(武汉市洪山区鲁磨路 388 号) 邮编:430074
电 话:(027)67883511 传 真:(027)67883580 E-mail:cbb@cug.edu.cn
经 销:全国新华书店 http://cugp.cug.edu.cn

开本:787 毫米×1092 毫米 1/16 字数:128 千字 印张:5
版次:2022 年 7 月第 1 版 印次:2022 年 7 月第 1 次印刷
印刷:武汉市籍缘印刷厂

ISBN 978-7-5625-5147-8 定价:16.00 元

《泥浆工艺实训指导书》
编委会成员

前言

我校自1954年开始钻探工程人才培养，所依托专业地质工程、勘查技术与工程多年来一直在国内同类专业中排名第一，是首批入选国家级一流本科专业建设点，先后通过中国工程教育专业认证。

钻探是资源与环境领域、基础设施建设领域不可或缺的重要环节，是传统艰苦性行业。随着国家深海、深地和紧缺资源等发展战略的实施和重大基础设施的建设，复杂钻探工程问题日趋增多，钻探技术不断更新，这对钻探工程人才培养提出了新的挑战。

根据《关于实施卓越工程师教育培养计划的若干意见》(教高〔2011〕1号)、《关于批准第二批卓越工程师教育培养计划高校的通知》(教高函〔2011〕17号)等相关文件的精神，勘查技术与工程(原钻探工程)专业入选教育部第三批卓越工程师教育培养计划(以下简称“卓越计划”)。项目实施以来，院系高度重视，将实施“卓越计划”作为学科发展的重要契机和重大教学改革工程，列入了我系“十二五”发展规划。按照国家“卓越计划”工作方案要求，以我系多年积淀的办学经验、办学特色、办学优势及行业和社会影响为基础，通过学校和企业的密切合作，扎实推进“卓越计划”，着力提高学生的工程意识、工程素质和工程实践能力。

勘查技术与工程专业是学科交叉最多的专业之一，涉及机、电、液技术，与地质学以及材料学、机械加工技术等息息相关。本实训教材旨在培养学生根据复杂地层护壁堵漏需求设计和维护钻井液与完井液的能力，为学生在地质钻探、科学钻探、油气钻井、地热钻井或水文等领域从事设计、施工和管理等工作打下坚实基础。通过本实践教材抛砖引玉的引导作用，有利于拓宽学生的知识面、夯实专业基础；有利于学生对专业知识的再认识，培养学生的创新能力、解决实际问题的能力，成为具有国际视野的复合型高级工程技术人才。

本实训教材中第一章、第二章内容由蔡记华、杨现禹编写；第三章第一、二节内容由石彦平编写；第三章第三、四节内容由陈书雅编写；第三章第五节至第八节内容分别由魏朝晖、余浪、何亿超、雷一伟编写；第四章第一节至第七节内容由谢坤志、薛曼、李智、李子硕、梁梦佳和侯继武编写。在本书的编写过程中，得到了乌效鸣教授和胡郁乐教授的指导和帮助！

由于时间仓促，专业跨度较大，标准规范不断更新，技术日新月异，内容很难全面顾及，不足之处敬请同行批评指正！

笔　者

2022年7月

目　录

1 概 述

本书为中国地质大学(武汉)勘查技术与工程专业“泥浆工艺实训”课程的指导书,用以帮助本科生在“卓越工程师”实训过程中解决相应的问题。本书由概述和三部分专题(钻井液基本性能及测试方法、“八大地层”专题和综合性工程案例)组成。

三部分专题分别包含以下内容。

第一部分:钻井液基本性能及测试方法。①马氏漏斗黏度测试;②钻井液密度测试;③钻井液流变参数测试;④钻井液胶体率测试;⑤钻井液 API 滤失量测试;⑥钻井液含砂量测试;⑦钻井液固相含量测试;⑧蒙脱石含量测试;⑨降滤失剂对比测试;⑩加重剂对比测试;⑪钻井液黏度调节;⑫钻井液滤液 pH 测试;⑬膨胀量测试;⑭接触角测量;⑮高温高压滤失量测试;⑯液体表面张力测量;⑰滚动回收实验;⑱水泥浆稠化性能评价。

第二部分:八大地层专题。按 8 种代表性复杂地层(松散、水敏、溶蚀、高压、漏失、坚硬、温度异常、储层伤害)分别设计出对应的钻井液体系配方,配制钻井液并测试其性能参数。

第三部分:综合性工程案例。①页岩气水平井钻井液;②干热岩开发钻井液;③水合物钻井液;④煤层气开发钻井液;⑤科学钻探钻井液;⑥非常规油气田钻井液;⑦综合性工程案例的钻井液体系设计。

2 钻井液基本性能及测试方法

钻井液性能测试与计算的技术指标总共有40多项，但对一种钻井液体系，一般要求测定的相应指标只有几项或十几项。本书中介绍的钻井液各项性能代号及单位见表2.1。

表2.1 钻井液性能测试项目及单位

钻井液性能	常用代号	国际单位	英制单位
密度	ρ	g/cm^3	lb/gal
马氏漏斗黏度	FV	s	s
表观黏度	η_a	mPa·s	cp(厘泊)
塑性黏度	η_p	mPa·s	cp(厘泊)
动切力	τ_0	Pa	$lb/100ft^2$
初切	τ_s,10s	Pa	$lb/100ft^2$
终切	τ_s,10min	Pa	$lb/100ft^2$
API滤失量	API FL	cm^3或mL	cc
高温高压滤失量	HTHP FL	cm^3或mL	cc
泥饼厚度	h_{mc}	mm	1/32in
pH值	pH		
含水量	w	%(V/V)	%(V)
固相含量	φ_s	%(V/V)	%(V)
含砂量		%(V/V)	%(V)
膨胀量		%	%
接触角	θ	(°)	(°)
表面张力	σ	N/m	N/m

2.1 马氏漏斗黏度测试

2.1.1 基本概念

马氏漏斗黏度计是日常用于测量钻井液黏度的仪器，以定量钻井液从漏斗中流出来的时间来确定钻井液的黏度。仪器由马氏漏斗和量杯组成，马氏漏斗(漏斗锥体)的体积为1500mL，量杯体积为946mL(图2.1)。

图 2.1　马氏漏斗黏度计

2.1.2　使用方法

(1)用手指堵住漏斗流出口，通过筛网将待测液体注入到干净且直立的漏斗中，直至液体到筛网底部为止。

(2)移开手指的同时按下计时器开关，测量液体注满量杯所需要的时间。

(3)以 s 为单位记录钻井液漏斗黏度。

2.2　钻井液密度测试

2.2.1　基本概念

钻井液密度是指单位体积钻井液的质量，单位为 g/cm^3 或 kg/m^3。钻井工程中，钻井液密度与比重两个术语所表达的含义相同。

钻井液的密度大小主要取决于钻井液中的固相质量。钻井液的固相含量是指钻井液中固体颗粒占的质量或体积分数。钻井液中的固相按固相密度可划分为重固相(重晶石密度为 $4.2\sim4.6g/cm^3$，赤铁矿密度为 $4.9\sim5.3g/cm^3$，方铅矿密度为 $7.5\sim7.6g/cm^3$)和轻固相(黏土密度一般为 $2.3\sim2.6g/cm^3$，岩屑密度一般在 $2.2\sim2.8g/cm^3$ 之间)。

钻井液密度是确保钻井安全、快速和保护油气层的一个十分重要的指标。通过调整钻井液密度，可调节钻井液在井筒中的静液柱压力，以平衡地层孔隙压力，亦用于平衡地层构造应力，避免井塌。

2.2.2　实验仪器

钻井液比重秤如图 2.2 所示，它由1-秤杆、2-主刀口、3-钻井液杯、4-杯盖、5-校正筒、6-游码、7-底座、8-主刀垫和 9-挡壁组成。

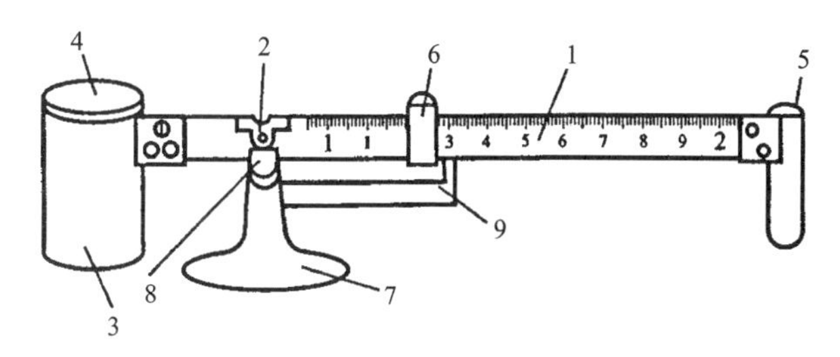

图 2.2　钻井液比重秤构造图

2.2.3 实验步骤

(1)将钻井液装满钻井液杯。

(2)盖好杯盖,使多余的钻井液从杯盖中心孔和四周溢出。

(3)擦干钻井液杯表面,将主刀口对准主刀垫,放置好秤杆。

(4)移动游码,使秤杆处于水平状态(水平气泡处于中央位置)。

(5)读出游码左侧的刻度,即为钻井液的密度。

在正式测试钻井液密度前,要先用清水对仪器进行校准,如果游码左侧读数不在1.0处,可通过增减校正筒中的金属颗粒或其他重物来调节,直至读数为1.0为止。

2.3 钻井液流变参数测试

2.3.1 基本概念

钻井液流变性(rheological properties of drilling fluids),是指在外力作用下,钻井液发生流动和变形的特性,其中流动性是主要的特性。通常用钻井液的流变曲线和塑性黏度(η_p)、动切力(τ_0)、静切力(τ_s)、表观黏度(η_a)等流变参数来描述钻井液的流变性。钻井液流变性对解决下列钻井问题有十分重要的作用:①携带岩屑,保证井底和井眼的清洁;②悬浮岩屑与重晶石;③提高机械钻速;④保持井眼规则和保证井下安全。此外,钻井液的某些流变参数还可以直接用于环空水力学的有关计算。因此,对钻井液流变性的深入研究,以及对钻井液流变参数的优化设计和有效调控是钻井液技术的一个重要方面。

目前钻井液的流变参数测试主要使用六速旋转黏度计(图2.3)。六速旋转黏度计由电动机、恒速装置、变速装置、测量装置和支架箱体五部分组成。恒速装置和变速装置合称旋转部分。在旋转部件上固定一个外筒,即旋转外筒。测量装置由测量弹簧部件、刻度盘和内筒组成。内筒通过扭簧固定在机体上,扭簧上附有刻度盘,通常将外筒称为转子,内筒称为悬锤。测定时,内筒和外筒同时浸没在钻井液中,它们是同心圆筒,环隙在1mm左右。当外筒以某一恒速旋转时,带动环隙里的钻井液旋转。由于钻井液的黏滞性,与扭簧连接在一起的内筒会转动一个角度。于是,钻井液黏度的测量就转变为内筒转角的测量,转角的大小可从刻度盘上直接读出。

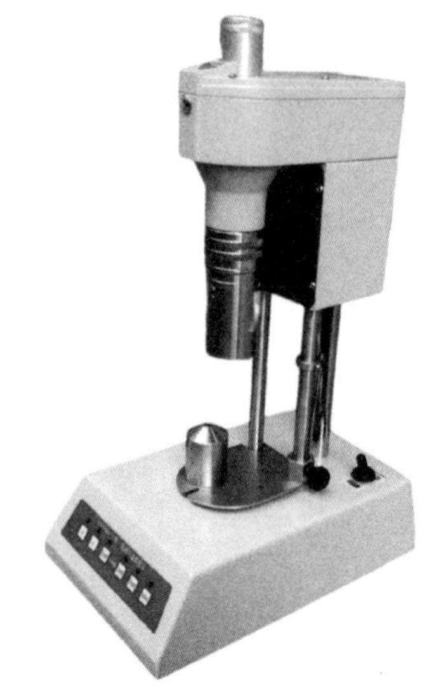

图2.3 六速旋转黏度计

转子和悬锤的特定几何结构决定了旋转黏度计转子的剪切速率与其转速之间的关系。按照范氏(Fann)仪器公司设计的转子,悬锤组合(间隙为1.17mm),剪切速率与转子钻速的关系为:

$$1r/min=1.703s^{-1} \tag{2.1}$$

旋转黏度计的刻度盘读数 θ(θ 为圆周上的度数,不考虑单位)与剪切应力 τ(单位为 Pa)成正比。当设计的扭簧系数为 3.87×10^{-5}时,两者之间的关系可表示为:

$$\tau = 0.511\theta \tag{2.2}$$

Fann35A 六速旋转黏度计是目前较常用的多速型黏度计,国内也有类似产品,如 ZNN-D6 六速旋转黏度计。该黏度计的六种转速和与之相对应的剪切速率如下:600r/min($1022s^{-1}$)、300r/min($511s^{-1}$)、200r/min($340.7s^{-1}$)、100r/min($170.3s^{-1}$)、6r/min($10.22s^{-1}$)和 3r/min($5.11s^{-1}$)。

2.3.2 测试方法

(1)将预先配好的钻井液进行充分搅拌,然后倒入量杯中,使液面与黏度计外筒的刻度线相齐。

(2)将黏度计转速设置在 600r/min,待刻度盘稳定后读取数据。

(3)将黏度计转速分别设置在 300r/min、200r/min、100r/min、6r/min 以及 3r/min,待刻度盘稳定后读取数据。

(4)计算各流变参数。必要时,通过将刻度盘读数换算成 τ(剪切应力),将转速换算成 γ(剪切速率),绘制出钻井液的流变曲线。

2.3.3 表观黏度的计算

某一剪切速率下的表观黏度可用下式表示:

$$\eta_a = \tau/\gamma = \left(\frac{0.511\theta}{1.073N}\right)(1000) = \frac{300\theta_N}{N} = \alpha\times\theta_N \tag{2.3}$$

式中,N 为转速(r/min);θ_N 表示转速为 N 时的刻度盘读数;α 为换算系数;η_a 为表观黏度(mPa·s)。

利用式(2.3),可以将任意剪切速率(或转子的转速)下测得的刻度盘读数换算成表观黏度。常用的六种转速换算系数如表 2.2 所示。

表 2.2 将旋转黏度计刻度盘读数换算成表观黏度的换算系数

转速(r/min)	600	300	200	100	6	3
换算系数	0.5	1.0	1.5	3.0	50.0	100.0

例如,在 300r/min 下测得刻度盘读数为 36,则该剪切速率下的表观黏度等于 $36\times1.0=36$(mPa·s)。

如果没有特别注明某一剪切速率,一般是指测定 600r/min 时的表观黏度,即:

$$\eta_a = \frac{1}{2}\theta_{600} \tag{2.4}$$

2.3.4 塑性流体流变参数的计算

由测得的 600r/min 和 300r/min 的刻度盘读数,可分别利用以下两式求得塑性黏度(η_p)和动切力(τ_0):

$$\eta_p = \theta_{600} - \theta_{300} \tag{2.5}$$

$$\tau_0 = 0.511(\theta_{300} - \eta_p) \tag{2.6}$$

以上两式中，η_p 的单位为 mPa·s；τ_0 的单位为 Pa。

此外，钻井液的静切力用以下方法测得：钻井液在 600 转下转动 10s，然后静置 10s，在 3r/min 的剪切速率下读取刻度盘的最大偏转值；钻井液在 600 转下转动 10s，静置 10min 后重复上述步骤并读取最大偏转值。最后进行以下计算：

$$\tau_s,10s = 0.511\theta_3 \text{（静置 10s 后 3r/min 的最大读数）} \tag{2.7}$$

$$\tau_s,10min = 0.511\theta_3 \text{（静置 10min 后 3r/min 的最大读数）} \tag{2.8}$$

式中，τ_s,10s 和 τ_s,10min 的单位均为 Pa。

2.3.5 假塑性(幂律)流体流变参数的计算

同样的，由测得的 600r/min 和 300r/min 的刻度盘读数，可分别利用以下两式求得幂律流体的两个流变参数，即流性指数(n)和稠度系数(K)：

$$n = 3.322\lg(\theta_{600}/\theta_{300}) \tag{2.9}$$

$$K = (0.511\theta_{300})/511^n \tag{2.10}$$

以上两式中，n 为无因次量；K 的单位为 Pa·s^n。

2.4 钻井液胶体率测试

2.4.1 胶体率的概念

胶体率用来表示钻井液中黏土颗粒分散和水化的程度。

2.4.2 实验仪器

胶体率测定瓶(也可以用 100mL 量筒代替)。

2.4.3 测定步骤

(1)将 100mL 钻井液装入胶体率测定瓶中，将瓶塞塞紧(或将 100mL 钻井液装入量筒中，用保鲜膜封住)，静止 24h 后，观察量筒上部澄清液的体积(mL)。

(2)胶体率以百分数表示

$$\text{胶体率}(\%) = \frac{100 - \text{澄清液体积}}{100} \tag{2.11}$$

2.5 钻井液 API 滤失量测试

2.5.1 滤失量的概念

滤失量(fluid loss，又称失水量)是对钻井液渗入地层的液体量的一种相对测试参数。在钻井作业中有动滤失和静滤失。动滤失发生在钻井液循环时，而静滤失发生在钻井液停止循环时，动滤失大于静滤失。同一种钻井液动滤失和静滤失之间的关系至今还未能确定。

API 滤失量测定仪是最常用的测量钻井液滤失量的装置，其渗滤面积为 45.8cm^2，实验压差为 0.69MPa，测试温度一般为室温，滤失时间为 30min，滤失材料为符合标准的直径 90mm 的滤纸。

2.5.2 实验仪器和材料

ZNS-5A 型中压滤失仪(图 2.4)、滤纸、20mL 量筒、秒表。

图 2.4 ZNS-5A 中压滤失仪

2.5.3 使用方法

(1)检查进气阀门，保证阀门处于关闭状态。

(2)将干燥、洁净的滤纸放入钻井液杯底部，组装钻井液杯筒与杯底，用中指堵住钻井液杯底部小孔，将搅拌均匀后的钻井液倒入杯内至刻度线处。

(3)将组装好装有钻井液的杯子放置在气源接头，并固定杯盖，将量筒置于滤失仪下方并对准滤液流出孔。

(4)用打气筒打气至压力表显示为 0.69MPa，打开进气阀门，在流出第一滴滤液时开始计时，收集钻井液滤液。

(5)当计时器显示 30min 时，移开量筒，关闭通气阀，放出气体，确保钻井液杯中的压力完全被释放，然后从支架上取下钻井液杯，拆开钻井液杯并倒掉钻井液，小心取下滤纸，清洗钻井液杯及杯底。

(6)读出量筒中液体体积，记为钻井液滤失量，单位为 mL。实验一般记录 7.5min 时的钻井液滤失量，将该值乘以 2 即为拟测量 30min 的滤失量。

2.6 钻井液含砂量测试

2.6.1 含砂量的概念

钻井液含砂量是指钻井液中不能通过 200 目筛网(相当于颗粒直径大于 74μm)的砂子体积和钻井液体积的百分数。对钻井液含砂量的测定采用筛析原理。

根据 API(美国石油学会)的规定，将钻屑按粒度的大小分成 3 类：

(1)黏土(或胶体)类，粒度小于 2μm。

(2)泥渣类，粒度为 2～74μm。

(3)砂类(API 砂)，粒度大于 74μm。

2.6.2 实验仪器

一套含砂量测定仪(ZNH-1 型)(图 2.5),包括玻璃测量管(标有钻井液样品体积刻度线,还标有 0～20%的百分数刻度线,可直接读取含砂量)、过滤筛、漏斗。

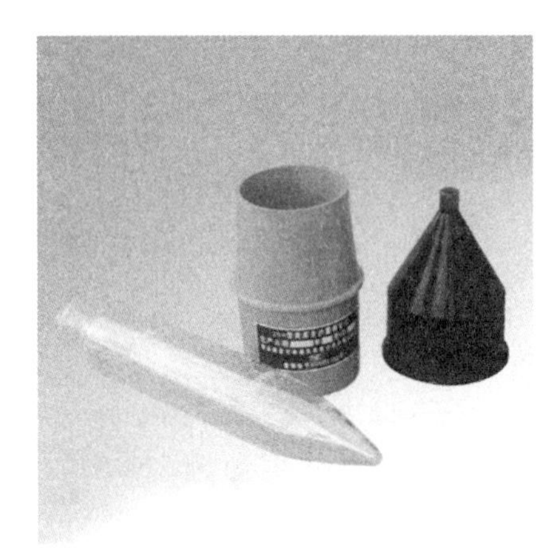

图 2.5 ZNH-1 型含砂量测定仪

2.6.3 使用方法

(1)将钻井液倒入玻璃测量管中至"钻井液"或"mud"标记处,再倒入清水至"水"或"water"的刻度线,用手堵住管口并摇振。

(2)待钻井液和水混合均匀后,将其倒入干净、润湿的筛网中,弃掉通过筛网的液体。向玻璃测量管中再加些水,振荡并倒入筛网上,重复上述步骤直至玻璃测量管中洁净。

(3)用清水冲洗筛网上的砂子以除去残留的钻井液。

(4)将漏斗上口朝下套在筛框上,缓慢倒置,并把漏斗尖端插入到玻璃测量管口中,多次用清水把附在筛网上的砂子全部冲入玻璃测量管内。

(5)待砂子沉降到玻璃测量管底部,读取砂子的体积分数,用体积分数记录钻井液的含砂量。

(6)实验完毕后,清洗含砂量测定仪。

2.7 钻井液固相含量测试

2.7.1 实验目的

钻井液固相含量是指钻井液中固体颗粒占的质量或体积分数。钻井液固相含量的高低对钻井时的井下安全、钻井速度及油气层损害程度有直接影响。

2.7.2 实验内容

通过钻井液固相含量测定仪测量钻井液的固相含量。

2.7.3 实验仪器

钻井液固相含量测定仪(图 2.6)、量筒、天平等。

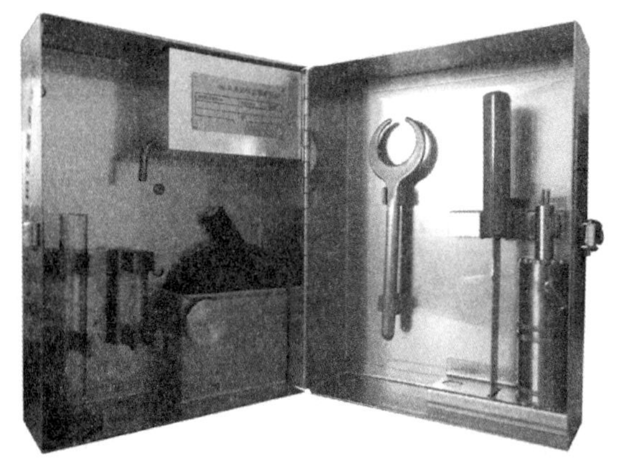

图 2.6 钻井液固相含量测定仪

2.7.4 实验步骤

(1)拆开蒸馏器,称出蒸馏杯质量。

(2)取 10mL 均匀搅拌后钻井液样品,注入蒸馏杯中,称出质量。

(3)将套筒及加热棒拧紧在蒸馏杯上,再将蒸馏器引流管插入冷凝器出口端。

(4)将加热棒通电,加热蒸馏,并计时间,通电 3~5min 后冷凝液即可滴入量筒。连续蒸馏至不再有液体滴出为止,切断电源。

(5)用环架套住蒸馏器上部,使其与冷凝器分开。

(6)记下量筒中馏出液体体积。

(7)取出加热棒,用刮刀刮净套筒内壁及加热棒上附着的固体,全部收集于蒸馏杯中,然后称出质量。

2.8 蒙脱石含量测试

2.8.1 实验目的

蒙脱石含量测试主要评价钻井液所用造浆土中蒙脱石的含量和阳离子量。

2.8.2 实验仪器和材料

搬土含量测试箱,里面主要包括滴定架、希尔球、锥形瓶、玻璃棒、亚甲基蓝药品、5mol/L 的稀硫酸溶液、电热炉、移液枪、滤纸、蒸馏水。

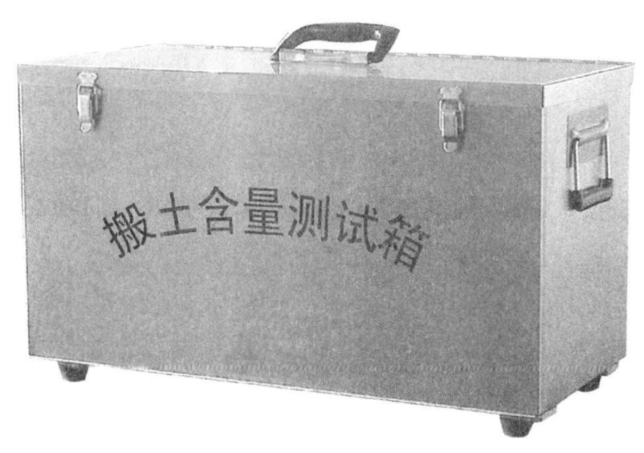

图 2.7 搬土含量测试箱

2.8.3 实验步骤

(1)配置 3.2g/L 的亚甲基蓝溶液备用。

(2)制备待测样溶液:将待测黏土称取 0.5g 放入锥形瓶中,并加入 50mL 蒸馏水,再滴加 0.5mL 的浓度为 5mol/L 的稀硫酸溶液。盖上表面皿,用电热炉加热微沸 5min,待溶液冷却至室温,用亚甲基蓝溶液进行滴定。

(3)滴定过程中按照每次1mL的量进行滴定，每加入亚甲基蓝溶液于锥形瓶悬浮液中后，都要搅拌30s，当黏土颗粒仍处于悬浮状态时，用玻璃棒蘸取一滴于滤纸上，观测滤纸上这滴被染色的黏土颗粒形成的色点。当滴定至多余的亚甲基蓝在黏土颗粒形成的深色点周围散开一圈天蓝色的晕圈时，停止滴定，并继续搅拌悬浮液2min后，再次用玻璃棒滴取黏土悬浮液于滤纸上，判断先前出现的晕圈是否消失。若消失则继续滴定，若依旧存有，则此时达到滴定终点，停止实验。

(4)计算蒙脱石含量：

$$M = \frac{A \times B}{44C} \times 100 \tag{2.11}$$

式中，M为蒙脱石含量(%)；A为亚甲基蓝溶液的浓度(g/mL)，本实验为0.003 2g/mL；B为滴定时消耗的亚甲基蓝溶液的量(mL)；C为黏土样品的质量(g)。

2.9 降滤失剂对比测试

2.9.1 实验目的

通过测量钻井液的API滤失量，评价不同种类降滤失剂及其含量的降滤失效果。

2.9.2 实验内容

使用4%的钠基膨润土和0.3%低黏聚阴离子纤维素(LV-PAC)配制的钻井液作为基浆，向其中加入一定量的不同种类降滤失剂，如磺甲基酚醛树脂(SMP)、磺化褐煤树脂(SPNH)等，加量均为2%。

2.9.3 实验仪器和材料

API滤失量测定仪(图2.8)、多联失水仪(图2.9)、滤纸、计时器、量筒。

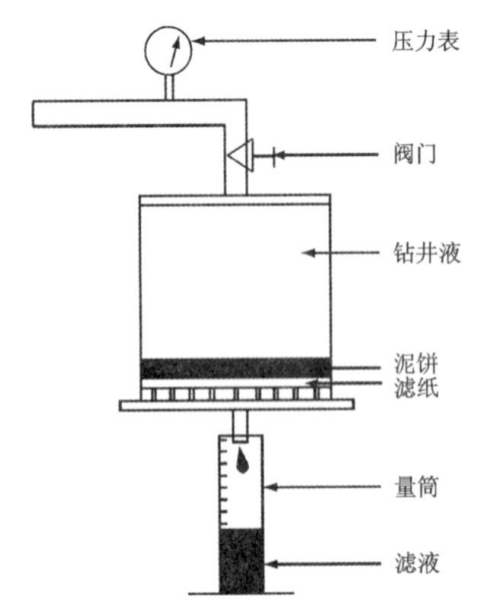

图2.8 API滤失量测定仪示意图

图2.9 多联失水仪

2.9.4　实验步骤

(1)将干燥、洁净的滤纸放入钻井液杯底部,组装钻井液杯筒和杯底。

(2)用中指堵住钻井液杯底部小孔,将搅拌均匀后的钻井液倒入杯中至刻度线处。

(3)将组装好装有钻井液的杯子放置在气源接头处,并固定杯盖,然后将量筒放置于滤失仪下方并对准滤液流出孔。

(4)将气筒压力调节至 0.69MPa,在第一滴滤液滴出后启动计时器,开始收集钻井液滤液。

(5)当计时器显示为 30min 时,移开量筒,关闭通气阀,放出气体。

(6)读出量筒中液体的体积,记为钻井液滤失量,单位为 mL。

(7)使用广泛 pH 试纸测量钻井液滤液 pH。

结果分析:7.5min 时记录一次钻井液滤失量,其滤失量一般约为 30min 滤失量的一半左右。

2.10　加重剂对比测试

2.10.1　实验目的

钻井液密度是确保安全、快速钻井和保护油气层的一个十分重要的参数。通过钻井液密度的变化,可调节钻井液在井筒内的静液柱压力,以平衡地层孔隙压力,亦用于平衡地层构造应力,避免井塌的发生。

2.10.2　实验内容

使用 4%的钠基膨润土和 0.3%HEC 或 HV-CMC 配制的钻井液作为基浆,向基浆中加入 10%(或更高的比例)的重晶石,分别测试并对比钻井液加重前后的密度。

2.10.3　实验仪器

钻井液比重秤实物图见图 2.10,其构造图见图 2.2。

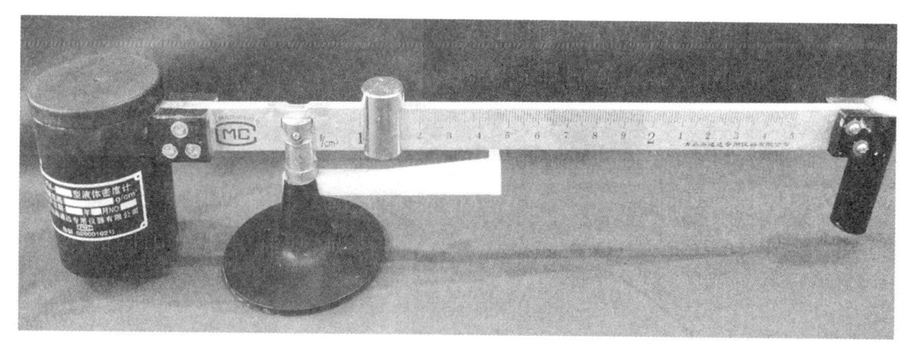

图 2.10　钻井液比重秤

2.10.4 实验步骤

(1)校准比重秤:将比重秤底座放在水平桌面上,将清水注入到洁净、干燥的钻井液杯中,把杯盖放在注满清水的杯上,旋转杯盖至盖紧,保证部分清水从杯盖小孔溢出以排出气体。将臂梁放在底座的刀垫上,沿刻度移动游码使之平衡,在靠近钻井液杯一边的游码边缘读取钻井液密度值,并记录。

(2)将钻井液杯装满钻井液盖好,擦干净钻井液杯。

(3)移动游码,使秤杆处于水平状态。

(4)此时游码左侧的刻度即为钻井液的密度。

2.11 钻井液黏度调节

2.11.1 实验仪器和材料

一套马氏漏斗黏度计(图 2.1)、清水、计时器。

2.11.2 测试方法

用手指堵住漏斗流出口,通过筛网将所需不同加量增黏剂和降黏剂的钻井液倒入马氏漏斗。移开手指让待测液体注入到干净且直立的漏斗中,直至液体到筛网底部,移开手指的同时按动计时器开关,测量液体注满杯所需的时间。以 s 为单位记录钻井液漏斗黏度。在(21±3)℃时,从漏斗中流出 946mL 淡水的时间为(26±0.5)s。

2.11.3 处理剂种类和功能

2.11.3.1 增黏剂

为了保证井眼清洁和安全钻进,钻井液的黏度和切力必须保持在一个合适的范围。在水基钻井液中,经常采用增黏剂。增黏剂一般为高分子聚合物,其分子链很长,在分子链之间容易形成网状结构,因此能显著地提高钻井液的黏度。增黏剂除了起增黏作用外,还往往兼作页岩抑制剂(包被剂)、降滤失剂及流型改进剂。因此,使用增黏剂既有利于改善钻井液的流变性,还有利于井壁稳定。

1)XC 生物聚合物

XC 生物聚合物又称作黄原胶,是由黄原菌类作用于碳水化合物而生成的高分子链状多糖聚合物,分子量可高达 5×10^6,易溶于水,是一种适用于淡水、盐水和饱和盐水钻井液的高效增黏剂,加入很少量的 XC 生物聚合物(0.2%~0.3%)即可产生较高的黏度,并兼有降滤失作用。它的另一显著特点是具有优良的剪切稀释性能,能够有效地改进流型(即增大动塑比,降低流性指数)。XC 生物聚合物实物如图 2.11 所示。

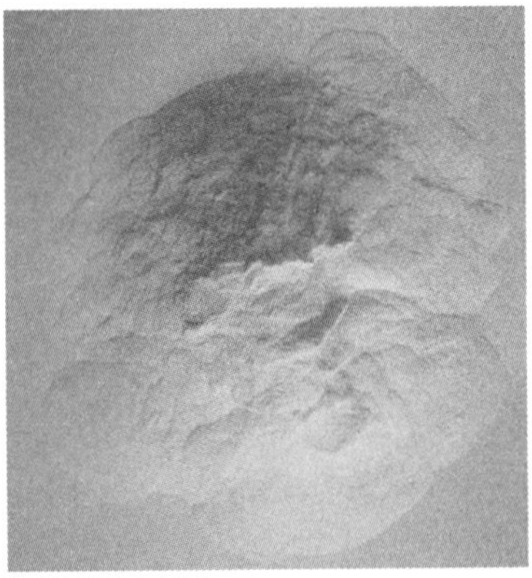

图 2.11 XC 生物聚合物

2)羟乙基纤维素

羟乙基纤维素(HEC)是一种水溶性的纤维素衍生物,外观为白色或浅黄色固体粉末。它无嗅、无味、无毒,溶于水后形成黏稠的胶状液。该处理剂是由纤维素和环氧乙烷经羟乙基化制成,其显著特点是在增黏的同时不增加切力,因此在钻井液切力过高致使开泵困难时常被选用。它抗温可达120℃,增黏程度与时间、温度和含盐量有关。羟乙基纤维素实物如图2.12所示。

图2.12　羟乙基纤维素

2.11.3.2　降黏剂

降黏剂又称为解絮凝剂(deflocculants)和稀释剂(thinners)。钻井液在使用过程中,常常由于温度升高、盐侵或钙侵、固相含量增加或处理剂失效等原因,钻井液形成的网状结构增强,钻井液黏度、切力增加。若黏度、切力过大,会造成开泵困难、钻屑难以除去,严重时会导致各种井下复杂情况。因此,在钻井液使用和维护过程中,经常需要加入降黏剂,以降低体系的黏度和切力,使其具有适宜的流变性。

钻井液降黏剂的种类很多,根据作用机理的不同,可分为分散型稀释剂和聚合物型稀释剂。在分散型稀释剂中主要有单宁类和木质素磺酸盐类,聚合物型稀释剂主要包括共聚型聚合物降黏剂和低分子聚合物降黏剂等。

1)单宁、栲胶类稀释剂

单宁(tannins)是含于植物体内的能将生皮鞣制成皮革的多元酚衍生物,具有酚类物质的通性,能溶于水。单宁广泛存在于植物的根、茎、叶、皮、果壳和果实中,是一大类多元酚的衍生物,属于弱有机酸,其实物如图2.13所示。

图2.13　单宁

栲胶是用以单宁为主要成分的植物物料提取制成的浓缩产品,外观为棕黄到棕褐色的固体或浆状体,一般含单宁20%~60%。

2)聚合物降黏剂

聚合物降黏剂主要是低分子量的丙烯酰胺类或

丙烯酸类聚合物，主要用于聚合物钻井液。

XY-27 是分子量约为 2000 的两性离子聚合物稀释剂，在其分子链中同时含有阳离子基团、阴离子基团和非离子基团，属于乙烯基单体多共聚物。它既是降黏剂又是页岩抑制剂。与分散型降黏剂相比，它只需很少的加量（通常为 0.1%～0.3%）就能取得更好的降黏效果。它常与两性离子包被剂 FA-367 及两性离子降滤失剂 JT-888 等配合使用，构成目前国内广泛使用的两性离子聚合物钻井液体系。在其他钻井液体系中，包括分散钻井液体系也能有效地降黏。它还兼有一定的降滤失作用，能同其他类型处理剂互相兼容，可以配合使用磺化沥青或磺甲基酚醛树脂类等处理剂，改善泥饼质量，提高封堵效果和抗温能力。XY-27 稀释剂实物如图 2.14 所示。

图 2.14　XY-27 稀释剂

2.12　钻井液滤液 pH 测试

2.12.1　实验仪器和材料

ZNS-5A 型中压滤失仪、量筒、pH 试纸、碳酸钠（Na_2CO_3）。

2.12.2　测试方法

按照中压滤失仪操作步骤，分别获得未添加和添加不同加量碳酸钠的钻井液滤液多份。取一小条 pH 试纸放进待测样品表面，当液体浸透 pH 试纸时（30s 内）取出试纸。将变色的试纸条与比色卡进行比较，确定相同的比色卡，读取其代表的 pH 值。

对比不同加量碳酸钠对钻井液的 pH 值的影响效果。pH 试纸和比色卡如图 2.15 所示。

图 2.15　pH 试纸和比色卡

2.13　膨胀量测试

2.13.1　实验目的

将泥页岩浸泡在不同的溶液或者钻井液中，通过记录膨胀量数据来评价含不同添加剂的溶液对泥页岩膨胀的抑制效果。

2.13.2　实验内容

将人工制备的直径为25mm、高度为1cm左右的泥页岩岩心置于膨胀量装置内，向装置内加入不同体系的盐溶液或钻井液，读取不同时间后的泥页岩岩心的膨胀量数据，进而评价不同盐溶液或钻井液对泥岩页膨胀的抑制效果。

2.13.3　实验仪器

天平一台(精度为0.1g)、岩样压制机(图2.16)、ZNP型膨胀量测定仪(图2.17)。

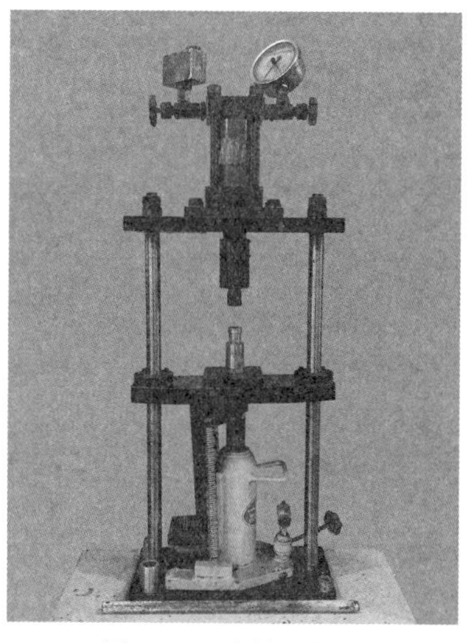

图2.16　岩样压制机

图2.17　ZNP型膨胀量测定仪

2.13.4　实验步骤

(1)测定人工压制的岩心的厚度。

(2)取出测试筒组件，将岩心装入并压实后，安装好组件。

(3)将测试筒调整好位置并固定，记下百分表的初始数据 R_0。

(4)将钻井液倒入盛液杯，开始计时，读取岩心膨胀高度 R_t，并计算岩心的线性膨胀量，用%表示。

计算公式如下：

$$V_t = \frac{R_t - R_0}{10} \times 100\% \tag{2.12}$$

式中，V_t为时间 t 时页岩的线膨胀百分数（%）；R_t为时间 t 时百分表的读数（0.01mm），代表岩心膨胀高度；R_0 为膨胀开始前百分表的读数（0.01mm）。

2.14 接触角测量

2.14.1 实验目的

接触角是用于表征岩石表面润湿性的重要参数之一。岩石润湿性是指液体在分子作用下在岩石表面的流散现象，它取决于岩石-流体与流体之间的界面张力和极性物质在岩石表面的吸附等。如果接触角 θ 等于 90°，则表明界面处于水润湿和油润湿的边界之间，小于 90°意味着水润湿，大于 90°意味着油润湿。

2.14.2 实验内容

通过页岩表面接触角的不同来表征不同液体在页岩表面的界面张力大小，以此来判断页岩的亲水性或疏水性。

2.14.3 实验仪器和材料

JC2000DM 接触角测量仪（图 2.18）、页岩样品。

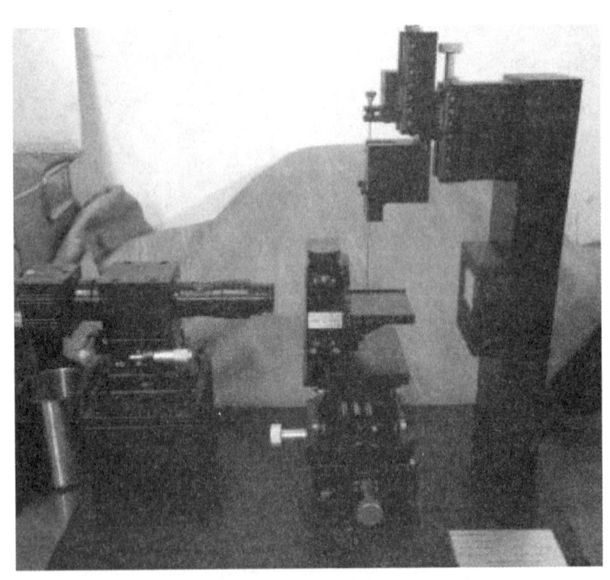

图 2.18 JC2000DM 接触角测量仪

2.14.4 实验步骤

（1）打开电脑，将仪器后端的数据线与电脑端 USB 端口连接，并打开相应软件。

（2）接通仪器电源，打开左端镜头盖，使镜头-平台-幕灯三者在同一水平面。

(3)将待测样品水平放在中间的实验平台上，看电脑端，使其水平，同时在针管内装约针管内部2/3的清水。

(4)逆时针旋转仪器上部旋钮(三圈)，盯着电脑，在电脑上能清晰地看到一个饱满的水滴。

(5)点击软件“快存”，选择合适的文件夹，迅速旋转中间平台黑色旋钮，使样品与水滴接触，迅速点击“存停”，保存图片。

2.14.5 角度测量

(1)调用保存的图片。

(2)量取角度显示测量尺，显示测量尺角度为45°。

(3)下移测量尺到液滴顶端，鼠标左键点击定位，将测量尺置于液滴左端顶端，显示数据为接触角数值。

2.15 高温高压滤失量测试

2.15.1 基本概念

高温高压滤失仪由压力源(二氧化碳或氮气)、压力调节器、钻井液杯、加热系统、滤液接收器以及支架所构成。工作原理为：在钻井液杯中置入一定量钻井液，在较高温度(如120℃)、压力4.2～7.1MPa状态下，钻井液通过面积为22.58cm²的滤纸滤失30min后，测定钻井液的滤失量(静态下)及滤失后形成的滤饼厚度等数据。室内高温高压实验温度一般不大于150℃，深井施工现场滤失量测试有时温度高于150℃，但极限实验温度一般不高于230℃。

2.15.2 实验仪器

图2.19为GGS71-A型高温高压滤失仪。该仪器能够测量室温(20℃)至180℃内任何温度，钻井液杯最大工作压力为7.1MPa，滤失压差3.5MPa，滤失面积22.58cm²。

图2.19 GGS71-A型高温高压滤失仪

2.15.3 实验材料

钻井液滤纸(998钻井液专用滤纸，直径为63.55mm)、标准钻井液(一级评价土、蒸馏水)、气源(氮气，压力大于8MPa)、量筒、钢板尺。

2.15.4 实验步骤

(1)调压手柄处于未加压的自由状态，打开气源，确定管汇中间25MPa压力表的数值大于8MPa。

(2)接通电源，旋转温控旋钮使其处于加热状态，指示灯灭，调节温控旋钮到所需温度。

(3)固定好连通阀(若做水泥浆试验采用双层网和双层滤网座杯盖)，将钻井液杯放到杯座上，倒入钻井液至刻线处，放滤纸，固定住杯盖。

(4)关紧钻井液杯顶部和底部的连通阀杆，放入加热套中使其至于定位销上，将另一支温度表插入钻井液杯孔内。

(5)将回压接收器连接到底部连通阀杆上，在顶部连通阀杆处安装可调节的压力源三通，分别插入固定销锁好。

(6)接入气源，打开气源总阀，顺时针方向旋转调压手柄至 0.7MPa，旋转调压手柄至 3.1MPa。

(7)逆时针放松连通阀 90°左右，待杯内输入气体后关闭上连通阀。

(8)当温度升至工作温度时，调节调压手柄使压力升至 7.1MPa，逆时针旋松上连通阀杆 90°左右，打开底部连通阀杆开始测量滤失量。

(9)若在测量过程中回压压力表高于 3.5MPa 时，应小心地从滤液接收器三通阀中放出部分滤液以便降低压力，记录滤液总体积、温度、压力和时间。

(10)实验结束后，旋紧上连通阀杆，收集余下滤液，记录滤液量，切断电源，关闭气源总阀。

(11)放气阀杆和三通阀杆，放出管汇和胶管内余气，松开管汇调压手柄和回压手柄呈自由状态，取下固定销，卸下三通和回压接收器。

(12)取出钻井液杯放到杯座上，冷却至常温，逆时针旋松上连通阀，放掉余气取下杯盖、滤饼，清洗部件。

2.16 液体表面张力测量

2.16.1 基本概念

表面张力是用来解释分子内聚力的基本物理现象，根据分子间的互相吸引力来解释液体的性质。当球形液滴被拉成扁平后，假设液滴体积不变，将液滴表面积变大，如图 2.20 所示，这意味着液体内部的某些分子被拉到表面并铺于表面上，因而使表面积变大。

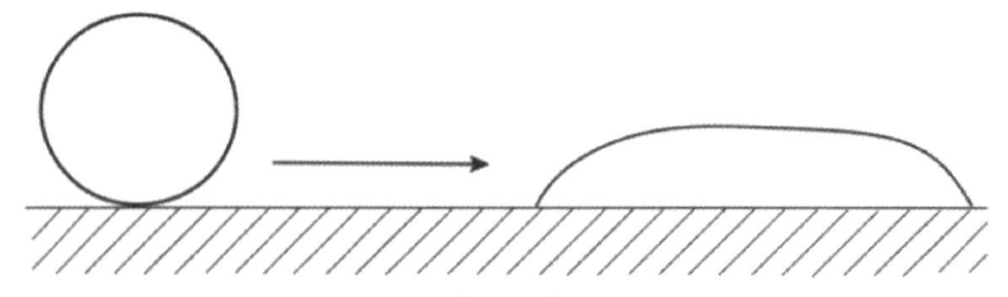

图 2.20 球形液滴变形过程

当内部分子被拉到表面上时，同样受到向下的净吸力，这表明把液体内部分子搬到液体表面时，需要克服内部分子的净吸力而消耗功。因此，表面张力(σ)可定义为增加单位面积所消耗的功，如公式 2.13 所示：

$$\sigma = \frac{\text{所消耗的功}}{\text{增加的面积}} = \frac{-\delta\omega}{dA} \tag{2.13}$$

式中,σ 为表面张力(N/m);$\delta\omega$ 为单位面积所消耗的功(N·m);dA 为单位面积(m^2)。

常用的表面与界面张力测定方法有挂片法、悬滴法和旋转滴法。其中挂片法适用于一般液体的表面张力或两相流体密度差不大于 0.4g/cm^3 的液-液间界面张力测定,其有效测量范围为 5~100mN/m。悬滴法适用于不互溶的液-液或液-气两相间界面张力测定,其有效测量范围为 0.01~0.1mN/m。旋转滴法适用于高密度相为透明的两相液体之间的低界面张力测定,其有效测量范围为 1×10^{-5}~1mN/m。

2.16.2 实验仪器

QBZY-1 型全自动表面张力仪(图 2.21)。表面张力仪主要由数显板、箱体、铂金片、承物台组成。仪器测量范围为 0~600mN/m,最小分辨率为 0.01mN/m,在使用前先用去离子水对仪器进行校准。

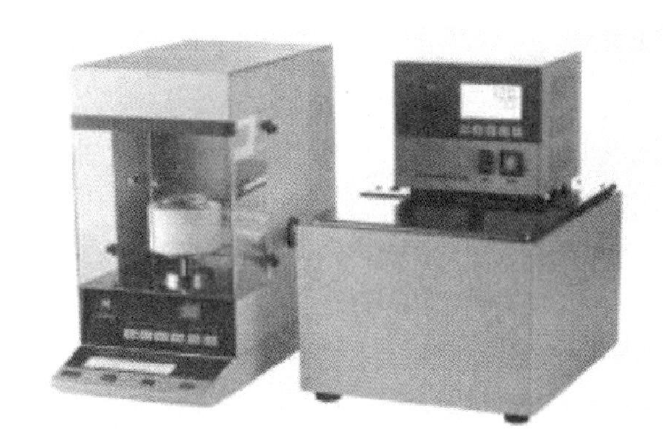

图 2.21 QBZY-1 型全自动表面张力仪

2.16.3 实验步骤

(1)向培养皿中倒入约 25mL 的待测钻井液,放入承物台。

(2)用镊子夹起铂金片在清水中反复清洗 1min,用酒精灯外焰灼烧至通红后,将铂金片挂到箱体中的挂钩上,并点击数显板上的去皮按钮。

(3)按下向上按钮,使承物台匀速上升至铂金片与待测液体接触,此时承物台自动停止上升。数显屏显示此时待测液体的表面张力值,待该数值稳定不再变化后,读数并记录数值。

2.17 滚动回收实验

2.17.1 实验目的

检查泥页岩在不同温度条件下的膨胀和分散情况,以评价不同流体对泥页岩水化的抑制性。

2.17.2 实验内容

模拟井下温度和岩屑运移速率下进行的动态实验，测定钻屑在不同流体（清水或者钻井液）和温度的情况下在滚子加热炉中热滚 16h 后的分散情况，进而评价钻屑分散性强弱和钻井液体系的抑制性能。

2.17.3 实验仪器和材料

天平一台（精确度为 0.1g），高温滚子加热炉一台（图 2.22），钻井液老化罐 4 个，电热鼓风恒温干燥箱一台，6 目、10 目、40 目筛网各一个，待评价泥页岩钻屑和钻井液。

图 2.22 滚子加热炉（左图）及高温老化罐（右图）

老化罐设有一釜体，釜体上部设有釜盖，釜体与釜盖之间设有密封盖，垂直于釜盖设有压紧螺栓，将密封盖与釜体压紧。釜盖上设有排气阀，排气阀穿过密封盖与釜腔相通。滚子加热炉耐高温、密封效果好，而且体积小、安全系数高，便于使用。

2.17.4 实验步骤

（1）称取 50.0g 小于 6 目、大于 10 目的风干泥页岩样品，装入盛有 350mL 的清水或者钻井液的老化罐中，加盖旋紧。

（2）将装好试样的老化罐放入滚子加热炉中，将滚子加热炉的温度调至目标温度，滚动 16h。

（3）恒温滚动 16h 后，取出老化罐，冷却至室温，将老化罐内的液体和岩样全部倾倒于 40 目的筛网中，在盛有自来水的水槽中湿式筛洗 1min。

（4）将筛洗后的剩余物放入 105℃的电热鼓风恒温干燥箱中烘干 4h，取出冷却，并在空气中静放 24h，然后称量（精确至 0.1g）。

2.17.5 结果分析

泥页岩分散实验按照下式计算 16h 的滚动回收率：

$$R_{40} = \frac{m}{50} \times 100\% \tag{2.14}$$

式中，R_{40} 为 40 目岩样回收率（%）；m 为 40 目筛余质量（g）。

2.18 水泥浆稠化性能评价

2.18.1 实验目的

评价水泥浆在不同温度和压力情况下的稠化时间。

2.18.2 实验内容

模拟井下温度和压力进行的动态实验,测定水泥浆在不同压力和温度的情况下稠度的变化情况。

2.18.3 实验仪器和材料

天平一台(精确度为0.1g)、恒速搅拌器、OWC-9380增压稠化仪、待测水泥浆。

OWC-9380增压稠化仪(图2.23)主要由增压釜、磁力驱动、气驱增压泵、液压管路、釜盖起吊装置、增温增压控制系统、电路控制系统、加热器、水路、空气压缩机、稠度采集与显示系统、报警器等部分组成。稠化仪浆杯(图2.24)主要由驱动组件、杯轴、杯盖、杯筒、杯底、杯膜片圆环、密封膜片、膜片支撑、搅拌叶片、杯底塞等组成。

图2.23 OWC-9380增压稠化仪

图2.24 增压稠化仪浆杯总成

2.18.4 实验原理

稠化仪测定水泥浆稠度的原理:测定过程中电机带动水泥浆杯旋转,而稠化仪浆杯卡在浆叶上部的电位计上。这样在浆杯旋转过程中,会带动水泥浆附加给搅拌浆叶一个扭力,扭力会使电位计上的扭力弹簧变形,电位计指示位置发生变化。电位计相当于一个滑动变阻器,这样就把扭力信号转换为电信号,显示在数据采集系统上。随着时间的延长,水泥浆开始缓慢稠化,此时水泥浆对搅拌浆叶上的单位面积作用力越来越大,表现为电位计电阻越来越大,数据系统显示为稠度的增加,当稠度增加到100Bc(稠度单位)时,系统报警,稠化实验结束。

2.18.5 实验步骤

在稠化仪进行操作使用之前，检查所有阀门和开关是否处于关闭状态，确认正常后接电源、气源、水源。接下来打开总电源检查各仪表的时间显示是否处于正常状态，温度和压力程序是否符合实验标准。

实验运行前：

(1)稠化仪实验前先对实验浆杯进行组装，将浆杯筒螺纹多的一面朝上，依次放入圆环、橡胶隔膜、膜片支撑，再拧紧杯盖。反转浆杯，放入桨叶，此时倒入水泥浆，盖上并拧紧底盖和杯底塞，在桨叶轴上放入驱动组件，并利用电位计进行定位。

(2)利用长拎钩通过浆杯盖上的定位孔将定位好的浆杯放入釜体中，并旋转浆杯确保浆杯下面的两个定位销落入浆杯驱动盒中，取下长拎钩。

(3)浆杯放进釜体后，启动电机，用短的拎钩将电位计放在浆杯轴的定位滑片上，并保证电位计的3个接触片与釜体3个电极接触良好。电位计放好后应保证浆杯轴上部和电位计上部小轴承项圈保持相平。取下短拎钩。

(4)确认浆杯和电位计放好后，把釜盖放回釜上，并旋紧釜盖。把热电偶通过釜盖顶部中心位置插入浆杯轴中，将热电偶压紧螺帽拧入，但这次不要拧紧，确保热电偶拧到底。

(5)向釜体进油。首先确保空气排放阀和高压释放阀关闭，将空气源阀打开，打开进油阀。当油从热电偶高压密封位置溢出时，用17#扳手将热电偶压帽拧紧。

(6)将PC机上的数据采集软件打开设定程序，初压等并运行。

(7)PC机操作程序：打开软件→文件→新建→选取使用仪器→确定→工具→选项→设定预定温度、压力、时间(达到目标条件的时长)→确定→开始。

(8)紧接着依次打开加热器，将泵开关打开至自动，打开直流电源、计时器、时间报警开关。

实验结束后：

(1)当水泥浆的稠度达到预设的报警稠度(100Bc)时，蜂鸣器将报警提示，在PC端软件上点击停止运行，然后依次关闭直流电源、电机、加热器、泵、报警开关。

(2)将冷却水阀打开，将釜体冷却至90℃以下再进行下一步操作(此过程前不要释放釜内压力)。

(3)当冷却完成后，关闭空气源和进油阀，打开空气排放阀。当空气源表针回到0位后再打开高压释放阀(此过程应缓慢打开和关闭高压释放阀以防止损坏浆杯橡胶隔膜片)。打开空气至釜阀，当听到“嗤嗤嗤”的声音时，回油完毕。关闭空气至釜阀。

(4)松开热电偶压帽，放空留在釜体内的余气，然后从釜盖移走热电偶。

(5)用橡胶锤松动釜盖并移走。

(6)使用短拉钩取出电位计，用长拎钩取出浆杯，将浆杯立即放入装有冷水的容器中。

(7)彻底清洗浆杯及其组件，然后涂上润滑脂。

3 “八大地层”专题

本章选取了8种代表性复杂地层(松散、水敏、溶蚀、高压、漏失、坚硬、温度异常、储层伤害),分别设计出对应的钻井液配方,配制钻井液并测试、评价其性能参数。

3.1 松散地层

3.1.1 地层特点

松散地层主要由结构完整性很差,胶结弱或无胶结的岩石结构、散块、散粒等组成。该类地层大多为砂、卵、砾石、岩石风化带和破碎带。该类地层在钻井过程中的主要特点是钻屑颗粒大,普通钻井液难以悬浮携带;井壁极易掉块、坍塌,容易诱发卡钻、埋钻等事故,最终导致钻探效率低、成本增加甚至中途报废。

针对松散地层,将钻井液的黏度和切力作为主要参考指标。黏度和切力的提高有利于黏结散状井壁和悬浮大尺寸的钻屑。地层越是松散破碎,维稳井壁的钻井液黏度要求就越高,但受泵送能力和井内激动压力等因素限制,钻井液的黏稠程度不允许太大,有一定的上限值。这个限值根据不同的钻井工艺情况有较大的差别,如小口径绳索取心深孔钻探时一般黏度不能超过35mPa·s,而较大口径油气钻井时的黏度允许达到100mPa·s或更高。当地层破碎松散严重到需要钻井液黏度超过限值时,只能采用停钻灌注固结浆材进行专门的护壁堵漏。

地层松散程度有若干种不同的度量方法。在此采用单轴抗压强度评价法,即以足够尺寸的井壁地层岩样的单轴抗压强度值,作为衡量该地层松散破碎程度的指标,可称为散碎指数。根据实际数据统计,散碎程度可以分为极破碎($\sigma_{bc}<0.1$MPa)、强破碎($0.1\text{MPa}<\sigma_{bc}<0.5$MPa)、中度破碎($0.5\text{MPa}<\sigma_{bc}<1.5$MPa)和较完整($\sigma_{bc}>1.5$MPa)4个等级。当岩层散碎程度已知且钻井液密度能与地层压力平衡时,根据实际工程经验、室内实验模拟和力学分析计算,钻井液应该采用的黏度与该类地层样品散碎指数之间的近似关系如下:

$$\eta_a = 0.5\sigma_{bc}^2 - 12\sigma_{bc} + 55 \tag{3.1}$$

式中,η_a为表观黏度(mPa·s);σ_{bc}为样品抗压强度(MPa)。

3.1.2 案例分析

案例一:苏尼特左旗松散地层护壁技术应用。矿区位于锡林郭勒盟苏尼特左旗新达来嘎查。该区地层有元古宇冷家溪群、元古宇板溪群,零星震旦系、寒武系、石灰系、白垩系和第四系沉积物。由于是热液变质铅锌矿,围岩由英安斑岩、中粒黑云母花岗岩、变质石英砂岩、凝灰岩和沥青岩。该地层由于岩浆岩的侵入,会夹有多段易缩径、坍塌的凝灰岩。这就要求钻井液体系具有较强的抑制性,能够减少滤液向地层的渗透以防止地层水化膨胀和钻孔缩径,同时还需要有较强的黏结性和剪切稀释性,不仅能使钻井液较好地胶结松散坍塌层段,还可以保证较高的取心率。

根据现场材料，结合钻探设备和地层情况，最终选用以下钻井液体系配方：6%赤峰产膨润土+2%纯碱+0.5%NH_4-HPAN。钻井液性能：苏式漏斗（苏式漏斗与马式漏斗结构相似，总容积为700mL）黏度29s，失水量12mL(30min)。

案例二：韶关松散地层护壁技术应用。矿区位于广东省韶关市大宝山一带，地质条件极其复杂，主要由氧化钼破碎层、蚀变带（高岭土化）、断层泥（夹角砾）层、风化次英安斑岩、工业钼矿体构成。地层分上、下两部分，变层的深度在120～250m之间，上部地层是风化连续松散层（以含砾砂岩为主）夹部分水敏性胶结体地层。岩石风化剧烈，破碎严重。下部地层主要以灰白色花岗闪长岩（含钼、铜、铁等矿体）为主，下部地层半数以上较为完整、稳定，但分段出现局部的构造破碎带。复杂的地质条件给施工带来极大的困难，孔壁严重坍塌、出现卡钻、埋钻事故，导致部分钻孔岩心采取率过低，套管也经常下不到位。另外，采用套管护壁，层数多、长度大，往往造成套管起拔不动而丢失。

针对不同地层配制钻井液体系：根据反复实验，得出以下2个钻井液配方，分别为6%膨润土+4%纯碱（土重）+1%Na-CMC（中黏）和6%膨润土+4%纯碱（土重）+0.8%Na-CMC（高黏）+4‰植物胶。前者可使钻井液黏度（苏式漏斗）达到45s，失水量降至12mL(30min)，可以满足上部地层的需要；后者可使钻井液黏度（苏式漏斗）达到30s，失水量达到11mL(30min)，应用于下部地层。该钻井液体系的性能基本能够满足现场钻孔的使用，起到较好的护壁效果。针对下部破碎地层，现场采用了脲醛树脂水泥球封堵技术，也取得了明显的效果。现场使用的水泥球配比方案如下：46g脲醛树脂+40mL水+200g水泥+0.02g酒石酸。

现场应用效果：以上钻井液体系及堵漏方案已在一口钻井进行了初步应用，该钻孔基本没有出现掉块、卡钻现象，事故发生率明显低于邻井。这表明该钻井液体系具有较好的防塌和井壁稳定效果。当钻遇下部较大的破裂层段后采用脲醛树脂水泥球，钻孔未发生垮塌现象，返水效果很好，可以正常钻进。

案例三：辽河油田冷东地区松散地层护壁技术应用。冷冻地区地层成岩性差，岩石胶结松散，砂砾岩与泥质互层。胶结物主要是沥青和少量黏土，几乎不存在稳定的泥岩隔层，正常取心很难获得圆柱状岩心。地层具有以下几个特点：①岩石胶结松散易碎，可钻性好，砂砾与泥质互层，变化复杂，大段砂岩地层的高滤失性在外力作用下容易剥落，吸水性、膨胀性不一致，造成井壁不稳定；②黏土组分多、含量高，膨胀性与非膨胀性黏土矿物混杂，亲水性不一致，水化程度不同，导致应力不平衡；③层位密度不同，地层压力系数低，容易渗漏或被压漏，加剧井径扩大；④该层段黏土CEC值<15(meq/100g土)，属于低活性黏土，有一定水敏性，剥蚀分散速度快；⑤蒙脱石和伊利石存在于颗粒表面和充填于粒间，易膨胀，速度敏感性强。

根据以上情况，选用无机凝胶钻井液体系并采用了屏蔽暂堵技术和复合堵漏技术。其中无机凝胶钻井液的基本配方：3%～5%膨润土+0.2%～0.4%MLH无机结构剂+2%CMS（羧甲基淀粉）。钻井液性能如下：密度1.10～1.15g/cm^3，滤失量4.5～10mL(30min)，塑性黏度7～23mPa·s，动切力8.5～17.5Pa。

案例四：云南宣威华泽矿区松散地层护壁技术应用。该区出露地层由老到新、自西而东依次为上二叠统玄武岩组、宣威组，下三叠统卡以头组、飞仙关组、永宁镇组及第四系。其中宣威组主要岩性为灰色泥质粉砂岩、粉砂岩、粉砂质泥岩，间夹细砂岩、砂砾岩、泥岩及煤层。该矿区岩层总体破碎，钻孔极易发生垮塌，因而施工初期使用黏度较高的钠基膨润土钻井液，在施工初始短时间内起到了一定的护壁作用，但后期出现的一些问题，严重影响了施工的正常进行，所以选择合适的钻井液体系，控制适当的性能参数和保持合理的流变性对稳定该矿区地层有着至关重要的作用。

钻井液配方：8%黄泥粉＋4‰纯碱＋5‰钠羧甲基纤维素＋4‰S-1＋8‰SMC＋12‰磺化沥青＋6‰低荧光封堵降滤失防塌剂＋4‰腐殖酸钾＋5%重晶石。钻井液性能参数如下：密度 1.18～1.23g/cm^3，马式漏斗黏度 50～70s，pH 8～9，失水量 5～8mL(30min)。

3.1.3 实验方法及实验仪器

实验所用的仪器主要有苏式或马氏漏斗、六速旋转黏度计、ZNS-5A 型中压滤失仪。实验所用的主要药品材料有基浆（水＋8%钠基膨润土）、碳酸钠、氢氧化钠、增黏剂（大分子聚合物如聚丙烯酰胺 PAM、聚乙烯醇 PVA 等；纤维素如高黏羧甲基纤维素 HV-CMC、高黏聚阴离子纤维素 HV-PAC 等；天然植物胶如瓜尔胶等；生物聚合物黄原胶 XC 等）。

3.1.4 实验设计

实验首先配置基浆：水＋8%钙基膨润土＋4%碳酸钠（土量），并测试基浆的流变参数（如表观黏度、塑性黏度、静切力等）、API 中压滤失量和漏斗黏度。在基浆的基础上分别添加 0.5%不同种类的增黏剂，评价在相同浓度、不同种类增黏剂的作用下基浆的黏度、切力和中压滤失量的变化情况。选用黏度、切力增幅最大，滤失量最低的增黏剂作为后期实验的增黏剂。

然后在以优选的增黏剂作为添加剂的基础上，对比不同浓度增黏剂对基浆的影响作用，实验可选用 0.1%、0.3%、0.5%、0.7%四个浓度梯度作为浓度对比实验。

最后通过对实验数据计算、分析和处理，对比含不同浓度增黏剂的钻井液体系的表观黏度、塑性黏度、静切力、中压滤失量的变化情况，确定最终使用的增黏剂的浓度。

将确定好浓度的增黏剂加入到基浆中，通过添加碳酸钠或者氢氧化钠（注意：氢氧化钠为强碱，具有强腐蚀性，应在带有橡胶手套下进行称取使用。由于氢氧化钠属于强碱，低加量都会显著改变钻井液体系的 pH 值，使用时请合理称取）对基浆的 pH 进行提升。然后测试基浆的流变参数（如表观黏度、塑性黏度、动切力、静切力等）和中压滤失量，分析钻井液体系的切力、黏度、中压滤失量的变化情况。

3.2 水敏地层

水敏性是指因流体盐度变化，引起黏土膨胀、分散、运移，导致岩石渗透率或有效渗透率下降的现象。水敏性地层主要包括松散黏土层、泥岩、软页岩、有裂隙的硬页岩、黏土胶结以及水溶矿物胶结的地层。在这种地层中钻进时，易发生膨胀缩径、钻井液增稠、钻头泥包、孔壁表面剥落、崩解垮塌超径等事故。

3.2.1 评价参数

针对泥页岩等水敏性地层，钻井液抑制泥页岩水化膨胀的能力至关重要。因此，在设计水敏地层钻井液时,应首先明确目标地层的水敏性强弱,用水敏指数表示,再利用岩心的线性膨胀率、泥页岩滚动回收率等参数评价钻井液的抑制性。

此外,页岩气水平井钻井过程中,长距离水平井段易发生井壁失稳,井眼清洁要求高,钻具摩阻大,因此对钻井液的润滑性能要求更高,主要评价参数为泥饼摩阻系数和钻井液的润滑系数。

3.2.2 案例分析

案例一:山东临盘油田某区块油藏属于强水敏高孔高渗稠油油藏,地层胶结疏松,水平井井径扩大率高达53%,且油井产能下降极快。X-衍射分析结果表明,该地区黏土含量高达16%,且水敏性矿物伊/蒙间层比大于75,存在严重的水敏性伤害。

纳米乳液暂堵钻井液配方:4%膨润土+0.2%Na_2CO_3+3%MMH 正电胶+0.4%PAM+1.5%LS-1 降滤失剂+3%纳米乳液+1.0%FT-1 磺化沥青+3%超细碳酸钙。该配方中,纳米乳液和低荧光磺化沥青可抑制井壁坍塌,增强钻井液的成膜和封堵能力,并在井壁和孔隙喉道部位形成致密的内外泥饼,有效阻止钻井液滤液的继续渗入;正电胶和高分子聚合物能够有效抑制地层造浆,有利于钻井液流型、黏度切力和膨润土含量的调控,并有利于固相粒子的去除。此外,按照"1/3—2/3 架桥规则"充填超细碳酸钙和可变形粒子相复配的暂堵方案,在正压差的作用下形成架桥,进一步阻止钻井液的侵入。纳米乳液暂堵钻井液体系具有强抑制性,静滤失量和动滤失量均较小,可以减少进入储层的滤液,降低滤液与地层流体不配伍引起的储层损害。

案例二:塔里木盆地东部地区某井位于英吉苏凹陷,产层储集空间以粒间溶孔为主,储层主要碎屑颗粒为石英、长石和各种岩屑。黏土矿物含量高,在6%~34%之间,平均为12.3%,且黏土矿物以伊/蒙间层为主,伊/蒙和绿/蒙间层矿物作为孔隙衬垫包裹颗粒,黏土矿物在孔隙中的产状复杂,伊利石多呈片状、蜂窝状、丝缕状及搭桥状,高岭石多呈蠕虫状、鳞片状集合体,绿泥石多呈针叶状、玫瑰花状以孔隙衬垫式包裹碎屑颗粒或充填孔隙。

钾基聚合物钻井液配方:3.2%膨润土+0.3%80A51+6%SMP-1+4%SPNH+2%YL-80+3%FT 系列材料+10%KCl+3%SYP-1+0.3%KOH+1.5%YX-2+1.5%TCX 超细碳酸钙+适量铁矿粉。配方中膨润土含量低于3.5%,在保证钻井液黏度、切力前提下,应尽可能减少其含量,防止污染储层;加重剂和架桥粒子选用 YX-2(碳酸钙)和铁矿粉,屏蔽暂堵粒子 TCX 超细碳酸钙为酸溶型粒子以保证酸化解堵,软化粒子选用 FT-80,在施工钻井液中可选用 FT-100,使用80A51 高分子聚合物增加钻井液黏度,使用 SPNH 高温高压降滤失剂以控制钻井液失水量,使用 SMP-1(磺甲基酚醛树脂)、乳化沥青 YL-80 和磺化沥青以提高钻井液的润滑性能,同时起到软化粒子的屏蔽暂堵作用,加入 SYP-1(多元醇)以提高钻井液的切力和泥饼质量,用 KOH 调整钻井液的酸碱度,以保证钻井液体系中钠离子含量尽可能低,加大 KCl 用量以保证钻井液矿化度高于临界矿化度,从而保证储层不发生水敏和盐敏,降低水锁效应。

低密度钾基盐水钻井液密度为1.16g/cm^3,可达到近平衡钻井的目的,钻井液表观黏度24.5mPa·s、塑性黏度19mPa·s、动切力5.5Pa,均可达到要求,pH 为8~9。

案例三:吉林省珲春松林油页岩矿区某钻孔钻遇松散且强水敏性地层,主要为粉砂质泥岩并夹薄煤层。在施工中孔内漏失、坍塌、掉块严重、卡钻、断钻杆事故多发，施工难度大。

PVA(聚乙烯醇)无固相冲洗液配方：每 $1m^3$ 冲洗液中 PVA 粉 7.5～10kg＋助剂 A 粉 0.25kg＋助剂 B 粉 0.8～1kg。其中，PVA 是一种分子量分布较宽的高分子聚合物，高分子链上有—OH、—CONH、—COONa 官能团。溶液中的 PVA 分子在岩土颗粒表面上有很快的吸附成膜性和对岩土表面进行吸附，吸附的链节都可能有多种作用力与岩石结合，吸附构型又属平卧式，所以吸附牢固，不易被冲刷下来，能够胶结松散岩石，提高岩石的团结能力，起到防塌作用，而助剂 A 和助剂 B 有利于提高冲洗液的成膜性，增强护壁性能。

钻井液漏斗黏度在 16s 以上，密度在 1.06～1.10g/cm^3，经过除砂器清除钻屑后，在绳索取心钻杆内不结垢。

案例四：新疆维吾尔自治区沙湾县北部某地区，地质构造复杂，施工中钻井液井壁稳定技术难度大，邻井施工中多出现各种复杂情况，造成了重大经济损失。该井钻遇多套地层，自上而下分别为粉砂岩、红泥岩，细砂岩、砂质泥岩和粉砂岩呈不等厚互层，泥岩、碳质泥岩和煤层，灰色粉砂岩、泥岩及碳质泥岩，灰色砂砾岩夹红褐色泥岩。其中砂泥岩和红泥岩极易水化膨胀，特别是在大井眼钻进过程中，环控返速低，如果钻屑不能被及时携带出井眼，在上返过程中会黏附在井壁上，施工中导致起钻遇卡、下钻遇阻。而互层砂泥岩吸水后，砂岩强度降低，泥岩吸水后膨胀，在挤压作用下，极易导致互层的砂岩脱落，造成井壁坍塌，泥岩膨胀后会在井壁形成“小井眼”，易导致缩颈卡钻。

胺基成膜防塌钻井液体系配方：7%～8%膨润土＋0.3%～0.5%聚丙烯酸钾(KPAM)＋0.5%～1%胺基聚醇＋0.5%～1%磺酸盐共聚物降滤失剂＋2%～3%无荧光沥青＋2%～3%井壁稳定剂＋1%～1.5%褐煤树脂(SPNH)＋3%～5%磺甲基酚醛树脂(SMP-1)＋2%～3%抗温抗盐抗钙降失水剂＋3%～5%纳米封堵剂＋1%～2%聚合醇防塌剂。

胺基聚醇分子上多个独立的胺基可充填在黏土颗粒的晶层之间，并将它们束缚在一起，有效减少黏土的吸水倾向，其抑制作用具有长效性，抗冲刷能力强，钻井作业结束后仍具有长时间的抑制效果。

聚合醇具有浊点效应，当地层温度低于浊点温度时，聚合醇吸附在钻具和固体颗粒表面，形成憎水膜，阻止泥页岩水化分散，稳定井壁，改善润滑性，防止钻头泥包。当地层温度高于其浊点温度时，聚合醇从钻井液中析出，黏附在钻具和井壁上，封堵岩石孔隙，阻止滤液渗入地层，实现稳定井壁的作用。

纳米封堵剂含有两种关键粒子：一种是惰性粒子，其粒径分布范围广，形状变化多样，能够对井壁孔隙及裂缝进行严封堵，提高封堵效率；另一种是活性粒子，能够在井壁岩石表面形成致密非渗透封堵薄膜，有效封堵不同渗透性地层和微裂缝泥页岩地层，进一步提高封堵强度，稳定井壁。

低荧光井壁稳定剂是沥青类产品，通过软化点机理，配合超细碳酸钙，封堵地层层理、孔隙和微细裂缝，达到稳定井壁的效果。

案例五：新疆阿克苏地区某矿区地层为弱胶结砂岩地层、煤层以及泥页岩层，胶结性差，并存在着即漏即塌等孔内事故隐患，岩心采取率低，严重影响了钻孔质量和施工进度。

聚乙烯醇类无固相钻井液配方：水＋0.5%～1%PVA-1799＋0.5%～1%硼砂＋0.5%～1.5%磺化沥青 SAS＋0.02%～0.1%PHP＋0.5%～2%KCl。该套钻井液体系密度

1.02g/cm³,苏式漏斗黏度18～22s,动切力1.7Pa,塑性黏度8mPa·s。

3.2.3 实验仪器及评价方法

3.2.3.1 储层敏感性流动实验评价

(1)方法原理:根据达西定律,在实验设定的条件下注入各种与地层损害有关的流体,测定岩样的渗透率及其变化,以评价储层渗透率损害程度。

(2)实验仪器:JHLS岩心流动试验仪,工作温度为20～150℃;工作压力为0～20MPa;岩心规格为ϕ25×25～80mm(直径25mm,高度为25～80mm)。

(3)岩样尺寸:直径25mm,长度为不小于直径的1.5倍,应尽量选择接近夹持器允许长度上限的岩样。岩样端面与柱面均应平整,且端面应垂直于柱面,不应有缺角等结构缺陷。

(4)按《储层敏感性流动实验评价方法》(SY/T 5358—2010)测量不同矿化度盐水驱替岩心过程中的渗透率,以盐水的浓度为横坐标,各盐水的渗透率恢复值(或渗透率损害率)为纵坐标,作盐度曲线。盐度曲线形态出现明显变化处所对应前一点的盐度点为临界盐度S_c。

(5)采用水敏指数评价岩样的水敏性,即岩石渗透率或有效渗透率损害的最大值与损害前岩石渗透率或有效渗透率之比,按式3.2计算:

$$I_w = \frac{K_{w2} - K_w}{K_{w2}} \times 100\% \tag{3.2}$$

式中,I_w为水敏指数;K_w为用蒸馏水测定的岩样渗透率($\times 10^{-3}\mu m^2$);K_{w2}为临界盐度S_c前各点渗透率的算术平均值($\times 10^{-3}\mu m^2$)。

水敏性评价指标见表3.1。

表3.1 水敏性评价指标

水敏指数(%)	水敏性程度
$I_w \leqslant 5$	无水敏
$5 < I_w \leqslant 30$	弱水敏
$30 < I_w \leqslant 50$	中等偏弱水敏
$50 < I_w \leqslant 70$	中等偏强水敏
$70 < I_w \leqslant 90$	强水敏
$I_w > 90$	极强水敏

3.2.3.2 钻井液抑制性测试

(1)实验仪器:ZNP型膨胀量测定仪(图2.17)、滚子加热炉(图2.22)一台、钻井液老化罐4个、40目分样筛、电热鼓风恒温干燥箱。

(2)样品准备:泥页岩样品选用岩心或钻屑,采得的泥页岩样品必须标明岩心或岩屑,并标明所采样品所处的构造、层位、井号、井深和采样时间。在不具备页岩样品的条件下,可使用膨润土压制岩心,压制方法:取8.00g膨润土(粒度在0.15～0.044μm之间的二级膨润土)

在105±3℃下烘干4h,小心倒入装有滤纸的模具中,轻轻震动模具,边震动边旋转,使土粉分布均匀,置于压力机上,以10MPa的压力加压5min,卸去压力,取出岩心备用。

3.2.3.3 不同处理剂的抑制性评价

(1)基浆共配置10份,配置方法:称取16g膨润土粉,按膨润土质量的6%称取Na_2CO_3,将膨润土粉和Na_2CO_3放入装有400mL清水的搅拌杯中,在高速搅拌机上搅拌20min,静置24h,再用高速搅拌机搅拌5min,即配置成基浆。

(2)取2份基浆,采用ZNP型膨胀量测试仪测试岩心在基浆中的线性膨胀率,同时用另一份基浆测试泥页岩的滚动回收率。

(3)取2份基浆,按钻井液体积的10%称取KCl,加入基浆中,在高速搅拌机上搅拌20min,采用ZNP型膨胀量测试仪测试岩心在基浆中的线性膨胀率,同时用另一份基浆测试泥页岩的滚动回收率。

(4)取2份基浆,按钻井液体积的20%称取KCOOH加入基浆中,在高速搅拌机上搅拌20min,采用ZNP型膨胀量测试仪测试岩心在基浆中的线性膨胀率,同时用另一份基浆测试泥页岩的滚动回收率。

(5)取2份基浆,按钻井液体积的3%称取聚合醇,加入基浆中,在高速搅拌机上搅拌20min,采用ZNP型膨胀量测试仪测试岩心在基浆中的线性膨胀率,同时用另一份基浆测试泥页岩的滚动回收率。

(6)取2份基浆,按钻井液体积的2%称取腐殖酸钾,加入基浆中,在高速搅拌机上搅拌20min,采用ZNP型膨胀量测试仪测试岩心在基浆中的线性膨胀率,同时用另一份基浆测试泥页岩的滚动回收率。

3.3 溶蚀地层

3.3.1 地层特点

水溶性地层以氯化钠盐层为典型,其他还有钾盐、石膏、芒硝、天然碱等地层。这类岩层遇到钻井液中的水分时就会发生溶解,使井壁失稳,经常造成井眼溶蚀超径(俗称大肚子)或蠕变塌井。同时,井壁溶解物质侵入钻井液中产生的化学污染和破坏十分厉害,经常造成钻井液稠塑化或析水化,严重影响正常使用。

3.3.2 不同地层所需参数和原理

用钻井液技术应对水溶性地层,主要从3个方面入手解决问题:一是降失水,失水量越小,井壁溶解就越少,对钻井液的侵蚀也越小,相似原理和方法前面已经介绍过;二是降低滤液对地层的化学溶蚀性,例如在钻井液中加入与地层被溶物相近似或有抑制性的物质,使溶解度趋于饱和或活度降低而不易溶解井壁;三是增强钻井液体系自身的抗盐能力,例如采用耐盐的处理剂作为配浆材料,显著提高盐侵时钻井液性能的稳定性。

作为这些原理的应用体现,自20世纪80年代初至今,国内外同行相继研配出抗盐油基钻井液、欠饱和盐水钻井液、聚合物饱和盐水钻井液、氯化钠钾过饱和水基钻井液、氯化钾聚磺饱和盐水钻井液、复合盐多元醇钻井液等，并建立了相应的包括维护技术在内的一系列配套技术，在实际钻井中取得成功应用。

盐水钻井液是黏土悬浮液中氯化钠含量大于1%或用卤水(海水)配制的钻井液。它是靠氯化钠促使黏土颗粒适度聚结，并用大分子材料来维持此适度聚结的稳定的粗分散钻井液体系。盐水钻井液的黏度低、切力小、流动性好、抗盐侵，能抑制岩盐地层的溶解，抗黏土侵的能力强，抑制泥页岩水化膨胀、坍塌和剥落的效果好。例如深井钻厚层岩盐时，使用CMC-FCLS饱和盐水钻井液，其组成为基浆、1.5%纯碱、1.5%FCLS、0.3%烧碱(1/5 浓度)、2%中黏CMC。钻井液性能：密度1.40～1.41g/cm^3，苏式漏斗黏度30～50s，失水量3.5～4mL，泥皮厚0.5mm，pH值9～10。维护时将各种处理剂的混合液与食盐一起加入，混合液的配比为单宁∶烧碱∶CMC∶FCLS∶纯碱∶水＝8∶16∶10∶40∶10∶100。

3.3.3 案例分析

案例一：KYD盐下油田巨厚盐膏层井段钻遇上二叠统和下二叠统，岩性上部为黏土，中下部为砂岩、盐岩层夹硬石膏层。技术难点一为盐岩、软泥盐的塑性变形以及蠕变能力，技术难点二为盐岩和石膏的溶解使井径扩大和不规则，导致井壁垮塌等的发生。

根据对盐膏层钻井液的设计要求，该井钻井液配方主要考虑抗盐防塌的欠饱和盐水钻井液，钻井液主要材料为膨润土、SMP-2、SPC、FT-1、DRISPAC-LV、K_2SiO_3、RH101、复合盐(NaCl∶KCl＝25∶10)、原油、盐抑制剂、活化铁矿粉。

案例二：乌国布哈拉区块侏罗纪基末利-堤塘阶组石膏层盐层交替出现，表现为“三膏两盐”特征，即上硬石膏段—上盐层段—中硬石膏段—下盐层段—下硬石膏段，总厚度一般为200～400m。

通过室内对比实验，优选出合适的处理剂，最终得到欠饱和盐水钻井液配方：3%膨润土＋0.2%NaOH＋0.1%Na_2CO_3＋15%NaCl＋0.5%K-PAM＋0.5%LV-PAC＋0.5%HV-PAC＋0.1%XC＋0.5%NH_4-HPAN＋0.5%JT-888＋0.5%SP-8＋0.5%HPA＋3%F-SOLTEX＋3%超细碳酸钙QCX-2。

案例三：榆阳区盐矿勘探S/D-2井勘查孔在2480m以后钻遇了大段复杂的盐膏层，钻井过程中由于盐的溶解造成井径扩大及盐析而结晶造成卡钻。技术难点一为S/D-2井盐岩层埋藏深度在2480m以下，受上覆岩层压力、构造应力和井温的影响，盐岩塑性变形产生井径缩小。技术难点二为以盐为胶结物的泥页岩、硬石膏，遇矿化度低的水会溶解，致使泥页岩、硬石膏失去支撑，在机械碰撞作用下掉块、坍塌。

为解决技术难点，该井所用欠饱和盐水钻井液配方：水＋5%膨润土＋0.7%HV-PAC＋0.3%K-PAM＋5%SMP-2＋20%NaCl＋8%KCl＋2%改性石棉＋0.3%FT-341。该钻井液矿化度高，具有较强的抑制性，能有效抑制泥页岩水化，保持井壁稳定。且抗污能力强，有较强的抗盐侵能力。在钻盐层时，Cl^-控制在160 000～170 000mg/L，可有效解决盐层的塑性流动和盐岩的溶解，确保取心率及孔内安全。

3.3.4 实验仪器和材料

所需实验仪器有ZNS-5A型中压滤失仪、马氏或苏氏漏斗黏度计、六速旋转黏度计、pH试纸。实验所用的主要药品材料有基浆(水+8%钠基膨润土)、碳酸钠、氢氧化钠、氯化钠，以及常用于盐层泥浆的处理剂[如降失水兼适度提黏的磺甲基褐煤(SMC)、磺甲基酚醛树脂(SMP-I)、磺甲基酚醛树脂木质素(SLSP)、磺化褐煤树脂(SPNH)、饱和盐水钻井液降滤失剂(SPC)、Na-CMC、铁铬木质素磺酸盐(FCLS)、水解聚丙烯酰胺、水解聚丙烯腈、聚丙烯酸钙、聚丙烯酸钠，稀释兼降失水的磺甲基单宁(SMT)、磺甲基栲胶(SMK)及聚磺腐植酸(PFC)等]。

3.3.5 设计对比实验及测试步骤

实验首先配置基浆：水+8%钙基膨润土+4%碳酸钠(土量)，并测试基浆的流变参数(如表观黏度、塑性黏度、动切力、静切力等)、API 中压滤失量和漏斗黏度。

在基浆的基础上分别选用 5%、15%、25%、35%的氯化钠，评价在不同浓度氯化钠作用下基浆的黏度、切力和中压滤失量的变化情况。选用黏度、切力增幅最大，滤失量最低的增黏剂作为后期实验应用的增黏剂。

其次选用 1~2 种常用抗盐钻井液处理剂作为添加剂，对比不同浓度的处理剂对盐水钻井液的影响作用。实验浓度可参考范围为 0.3%~2%。

通过对实验数据计算、分析和处理，对比不同浓度的钻井液体系的表观黏度、塑性黏度、静切力、中压滤失量的变化情况，确定最终使用氯化钠和抗盐钻井液处理剂的浓度。

将确定好浓度的氯化钠和处理剂加入到基浆中，通过添加碳酸钠或者氢氧化钠(注意：氢氧化钠为强碱，具有强腐蚀性，应在带有橡胶手套下进行称取使用。由于氢氧化钠属于强碱，低加量都会显著改变钻井液体系的 pH 值，使用时请合理称取)对基浆的 pH 进行提升。然后测试基浆的流变参数(如表观黏度、塑性黏度、动切力、静切力等)和中压滤失量，分析钻井液体系的切力、黏度、中压滤失量的变化情况。

3.4 高压地层

3.4.1 实验背景及原理

钻遇高压地层时，经常会发生井眼蠕变缩径和涌入地下流体(图 3.1)，给钻进工作带来危害。井中静液柱压力由其上覆钻井液密度所决定。调整钻井液的密度来平衡地层岩石向井内的挤压力 σ_h，防止井眼缩径，是钻井液的基本功用之一。当地层压力较大且岩石较软时，必须采用较大密度的钻井液，才能确保平衡钻进。否则，严重缩径将导致抱钻、塌孔、堵井眼等井内事故，致使钻进无法正常进行。

地层中可渗流的高压水(流体)也是钻进中十分关注的情况。一旦高压水(流体)层被钻透，井内会涌入大量的“水”，不仅影响施工操作，而且会劣化钻井液性能，妨碍其正常功能，如涌水稀释而导致钻井液悬渣能力减弱等，更为严重的是造成井喷事故，所以必须用较高密度钻井液来“压住”地层孔隙流体压力 P_c，防止其发生井涌。

显而易见，欲加大钻井液密度来平衡地层压力，首先要知道地层压力的数值，再根据该值计算所需钻井液的密度。上述两种地层压力即井壁固体侧压力 σ_h 和地层孔隙流体压力 P_c 的确定方法。在一些情况下，两种压力相差不大，可均视为 P_{av}。这时设计一个能与之平衡的钻

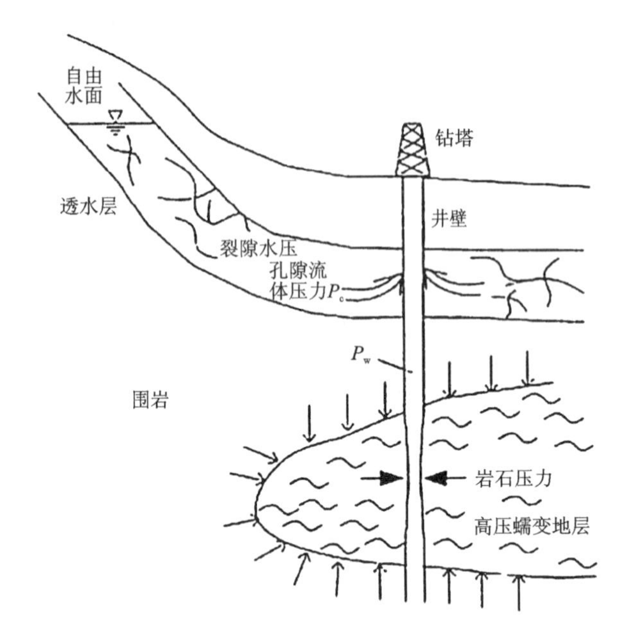

图 3.1 高压蠕变地层和涌水地层示意图

（图中 P_c 为孔隙水压力，P_w 为钻井液的静液柱压力）

井液密度值 $\rho=P_{av}/(gh)$ 即可，h 为计算点的井深，g 为重力加速度。而在许多情况下二者相差较大，此时对钻井液密度设计就产生了矛盾。对此，建议用要害权重法来计算确定钻井液密度的综合设计值：

$$\rho=\frac{c_1\sigma_h+c_2P_c}{h(c_1+c_2)g} \tag{3.3}$$

式中，ρ 为钻井液密度综合设计值（g/cm^3）；c_1，c_2 分别为两种压力的要害权重系数，无量纲，取值在 0～1 之间，视二者对钻井作业负面影响的相对大小而定，两者之和等于 1。

3.4.2 实验设计

目前，钻井工程中最常用的加重剂是重晶石粉，化学式为 $BaSO_4$，密度一般为 4.2g/cm³，白色粉末，化学惰性，无毒，水溶性很弱。为防止这类重颗粒使用时的沉降，首先要求重晶石粉粒的尺寸尽量小，一般要求在 325 目（44μm）以细，将其添加到悬浮能力较强的钻井液中搅拌均匀即可使用。加量计算方法如下：

$$W_2=\rho_2\frac{\rho_3-\rho_1}{\rho_2-\rho_3} \tag{3.4}$$

式中，W_2 为每 m^3 原浆中所需加重剂的加量（kg）；ρ_1 为原浆的密度（g/cm^3）；ρ_2 为加重剂的密度（g/cm^3）；ρ_3 为加重达到的钻井液密度（g/cm^3）。

加重钻井液配方：水＋3％钙基膨润土＋0.12％碳酸钠＋0.2％田菁粉＋1％LV-CMC＋42％$BaSO_4$。其中，水、钙基膨润土和碳酸钠为细分散基浆的配方，田菁粉与硼砂适度交联用以提黏提切，LV-CMC 用作降失水剂。

钻井液性能：密度 1.35g/cm³，API 失水量 9mL，塑性黏度 32mPa·s，切力 10Pa。

3.4.3 案例分析

案例一：塔里木山前深层盐膏层钻井时，高压盐水侵入会导致高密度钻井液性能变差，引发阻卡等井下复杂情况，通常采用排水降压的方式来降低高压盐水层透镜体的压力，对油基钻井液的抗盐水侵能力要求较高。为此，研发了单链多团的新型乳化剂，通过增加乳化剂分子结构上亲水基团的数量，提高其乳化效率，从而提高了油基钻井液的抗盐水侵的能力。结果表明，采用新型乳化剂形成的油基钻井液密度最高可达 2.85g/cm^3，抗盐水污染能力达60％以上，高温稳定性良好。

案例二：在南海西部莺琼盆地高温高压井钻探过程中，经常遇到井底温度在 200℃左右、钻井液密度超过 2.2g/cm^3、压力窗口在 0.05g/cm^{3}左右的情况。莺琼盆地目的层面临着高温高压、压力窗口窄等难题，并且地层压力台阶多、抬升快。前期高温高压、窄压力窗口井钻井作业使用普通重晶石加重的高密度钻井液，在高温高压情况下流变性容易恶化，流变性与沉降稳定性矛盾突出，溢流、卡钻等复杂事故频发。室内研究与现场应用表明，超细重晶石加重钻井液具备良好流变性和沉降稳定性，并通过工艺优化控制，实现了窄钻井液密度窗口的安全钻进，并在莺琼盆地多口高温高压窄压力窗口井得到成功应用，为类似海上高温高压井安全钻进提供借鉴。

钻井液配方：钻井水＋0.6％烧碱＋0.2％纯碱＋1.4％膨润土＋0.5％HV-PAC(高黏聚阴离子纤维素)＋1％降滤失剂 Dristemp＋3％磺化沥青＋3％碳酸钙 QWY(800 目：1500 目＝1：1)＋4％SMP(磺甲基酚醛树脂)＋5％SMC(磺化褐煤)＋2％降黏剂 Drillthin。

3.5 漏失地层

3.5.1 应用范围及实验背景原理

表土层钻井作业时要求钻井液配制快捷，净化能力好，能支撑上部疏松地层。

造成钻井液漏失的主要原因是井眼地层中存在着敞通型的裂隙、孔隙、溶洞等，钻井液中的随钻堵漏剂就是用来堵塞这些空隙的材料。使用中要使堵漏剂能够均匀地分散在钻井液体系中，避免其快速沉降或漂浮。再则，由于是随钻使用，钻井液还要保持其自身的流变性等性能，这就要求随钻堵漏剂的添加不能明显损坏钻井液原有性能。要满足这些要求，堵漏剂的材质、密度、尺寸和加量等是选配的关键要素。

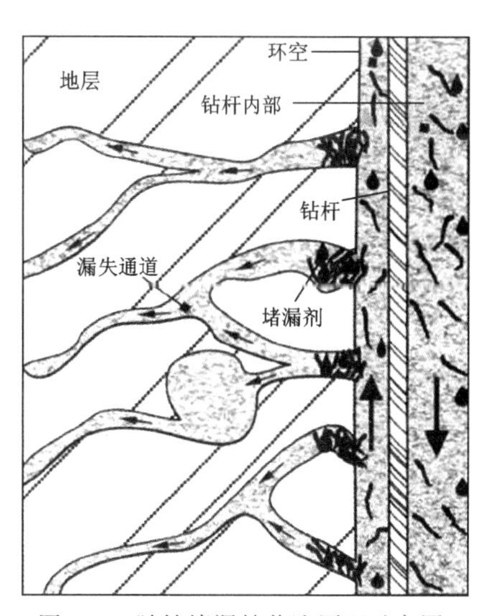

图 3.2 随钻堵漏钻井液原理示意图

把握好随钻堵漏钻井液的适应范围是必要的。当地层漏失状况复杂到一定程度后，堵住漏失所需要的堵漏剂性状及其浆液配伍性若超出钻井液自身的合理性能范围时，就不能采用。例如，当地层孔、裂隙尺寸明显大于井眼环状间隙时，所需的大尺寸堵漏剂就很容易堵死环空上返通道而不能使用。

以地层孔裂隙宽度尺寸作为衡量依据，将漏失地层分为微漏隙(≤1mm)、小漏隙(1～3mm)、中漏隙(3～10mm)和大漏隙(≥10mm)4类，典型的实物照片如图3.3所示。一般来说，随钻钻井液堵漏只适于微、小漏隙和部分中漏隙的情况，大漏隙和部分中漏隙则不得不采用停钻堵漏方式。

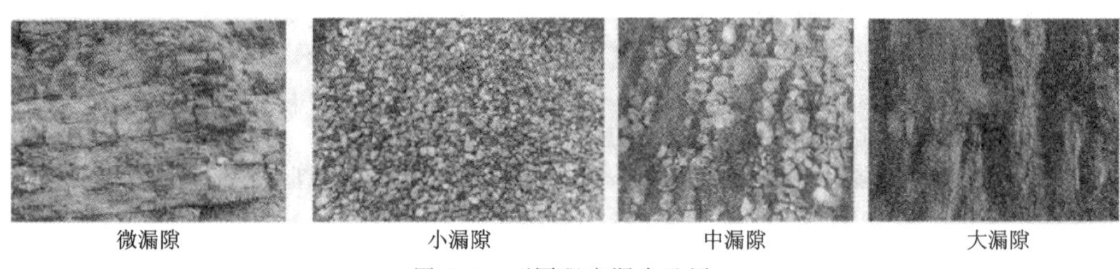

图3.3　不同程度漏失地层

3.5.2　案例分析

案例一：为了有效地解决塔中区块碳酸盐岩缝洞型异常高温高压储集层在钻完井过程中井漏、溢流频发的问题，在对该区块目标储集层地质特征和漏失情况进行统计分析的基础上，引入抗高温、高承压和研磨性好的刚性堵漏材料GZD，通过静态承压封堵实验对单剂加量及其与木质素纤维、弹性材料SQD-98和碳酸钙的复配加量进行了优化，形成了抗高温、高承压的新型复合堵漏材料SXM-I，配方：8%～10%GZD(A：B：X=2：1：1)+0.5%～1%木质素纤维+6%～8%SQD-98(中：粗=1：1)+1%～2%碳酸钙[0.019 0mm：0.002 1mm(1200目：80目)=1：1]。

实验结果表明，该新型复合堵漏材料与现场钻井液体系具有较好的配伍性，形成的堵漏钻井液既能封缝又能堵洞，裂缝静态承压9MPa以上，累计漏失量仅13.4mL；大孔径岩屑砂床30min内侵入深度仅为2.5cm，表现出较好的高温高压封堵性能，为该区块的顺利钻进提供了技术支撑。

案例二：超深致密砂岩裂缝性气藏使用高密度全油基钻井液钻遇漏失复杂时，选用常规的防漏堵漏材料无法满足油相分散、酸溶和高承压等要求。为此，引入了油相分散、刚性高、酸溶率高的铝合金材料，该材料是密度为1.60g/cm^{3}的多面锯齿状铝合金颗粒(简称GYD)，将泡沫态铝合金研磨成3～80目，较之于现用大理石架桥颗粒，GYD在油相中分散完全，莫氏硬度提高近2倍(介于5～6)，酸溶率超过90%。按地层裂缝开度的1/2～2/3架桥规则，对以高密度全油基钻井液为基浆，GYD作为骨架颗粒，配合加入纤维类材料和可变性填充粒子的浆液进行高温高压动静态堵漏室内模拟评价。

配方A：3%GYD-4+3%GYD-3+2%GYD-2+0.8%纤维+2%填充粒子。

配方B：3%GYD-4+3.5%GYD-3+1.5%GYD-2+0.8%纤维+2%填充粒子。

实验结果表明不同粒度的GYD复配形成的油基堵漏钻井液，对1～3mm和5～8mm的缝宽可形成有效封堵层，堵漏钻井液封堵强度大于25MPa。

塔里木油田某井应用表明GYD封堵后钻进无漏失，是一种具有高承压强度和高酸溶率的刚性架桥封堵材料，满足致密砂岩气藏防漏堵漏作业需要，建议推广使用。

案例三：中拐-玛南地区上部地层水化分散性强，下部地层易掉块、坍塌，钻井阻卡多，上部地层漏失层段多、漏失压力低、漏失量大、防漏堵漏难度大，下部地层坍塌压力高。对常用堵漏剂进行室内评价研究，优选出随钻堵漏剂、封堵类材料以及凝胶堵漏剂类型和加量；通过堵漏复配研究，优化形成了合适的堵漏配方。

配方A：0.1%～0.3%APSORB+2%～3%APSEAL+2%～3%KH-n(SDH)。

配方B：0.1%～0.3%APSORB+2%～3%TP-2+2%～3%KH-n(SDH)。

结合室内实验和防漏堵漏钻井液现场实践，形成了钻井液防漏、随钻堵漏、停钻堵漏、承压堵漏工艺技术，提出了适合中拐-玛南地区的防漏堵漏对策。攻关井平均单井漏失量减少145.2m^3（下降53.6%），漏失明显减少，防漏堵漏效果显著。

3.5.3 实验仪器和材料

苏式漏斗、六速旋转黏度计、堵漏仪、基浆（水+8%钠基膨润土）、碳酸钠、氢氧化钠。常用的惰性堵漏材料如表3.2所示，堵漏仪示意图和实物图见图3.4、图3.5。

表3.2 常用惰性堵漏材料一览表

类型	名称	颜色	密度(g/cm^3)	尺寸(mm)	建议加量(%)
颗粒状材料	核桃壳碎粒	褐色	1.25	粒径为裂缝宽度的1/2～2/3	2
	橡胶粒	黑色	0.93～0.98		
	硅藻土	褐色、灰褐色	1.9～2.3		
	沥青	青褐色	0.95～1.03		
纤维状材料	锯末	黄色、黄褐色	0.4～0.6	纤维长度为裂缝宽度的2～3倍	1
	棉纤维	白色			
	亚麻纤维	黄褐色			
	赛璐珞碎片	白色			
片状材料	棉籽核碎粒	土黄色、黄褐色		长度约为裂缝宽度的1/2	1
	云母片	白色、黄色	2.7～3.5		
	谷壳	黄色	1.12～1.44		
	麦麸	黄色、黄褐色			
	黄豆	黄色			
	海带	紫色			

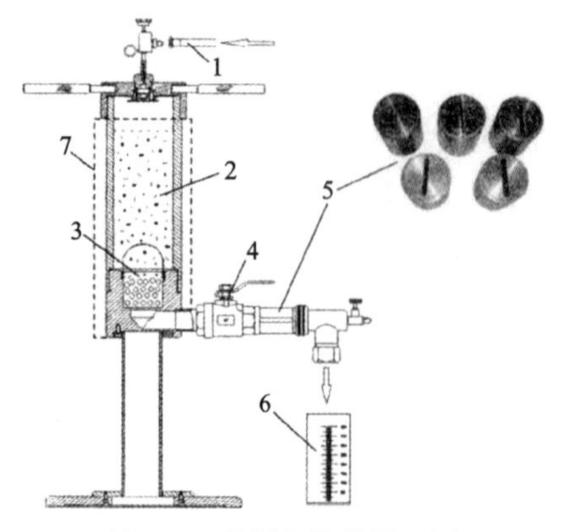

图 3.4　堵漏仪结构原理图

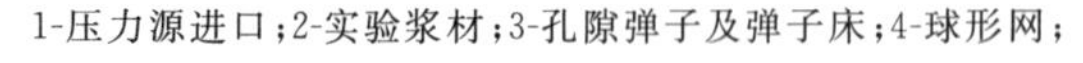
1-压力源进口；2-实验浆材；3-孔隙弹子及弹子床；4-球形网；
5-裂隙缝板及座仓（1mm、2mm、3mm、4mm、5mm 规格）；
6-渗滤计量；7-温度调控装置

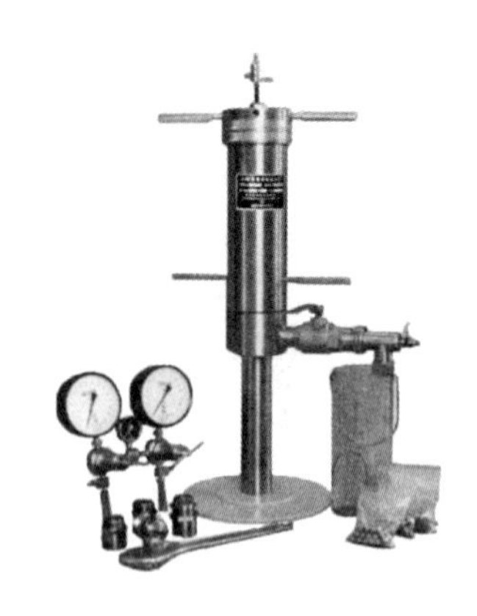

图 3.5　堵漏仪

3.5.4　实验设计

实验首先配置基浆，基浆配方：水＋6％钙基膨润土＋0.24％纯碱＋0.25％HV-CMC，测得苏式漏斗黏度 30s，600 转读数为 40，并测试基浆的流变参数、API 中压滤失量。

配方 A：基浆＋6％核桃壳。

配方 B：基浆＋2％核桃壳＋4％锯末。

配方 C：基浆＋4％核桃壳＋2％锯末。

同时，应测量各配方的黏度、100s 漏出量（mL）、堵漏效果（是否滴漏）、失效压差（MPa）。

3.6　坚硬地层

3.6.1　地层特点

在地层钻进中经常遇到坚硬的岩石，像花岗岩、石英岩、榴辉岩、片麻岩、闪长岩等属于非常坚硬的岩石，像大理岩、白云岩、千枚岩、板岩、密实的泥页岩等中等硬度的岩石，但也比黏土和砂、砾要硬得多。

对于钻进而言，坚硬岩石有以下特点：

（1）由于岩石坚硬，钻进时破碎岩石所需要的消耗大，进尺慢，钻头磨损厉害，容易烧钻，这不利于钻进。

（2）硬岩中钻进多见于地质勘探孔等情况，此时一般孔径较小（小于 150mm），而孔深则较大（可达 1000m 以上），因此钻井液的循环阻力大。

（3）钻进坚硬岩石形成的井壁相对稳定，除了遇到较大的地层破碎带，一般情况下不易发生像土层、泥页岩和砂砾层那样的严重坍塌垮孔。

（4）由于硬岩钻进多采用像金刚石钻头这样的磨削方式碎岩，钻屑颗粒细小，因而悬排钻屑较为容易。

针对以上特点，对硬岩钻进钻井液的设计应侧重于增强钻井液的润滑性和冷却性，减少钻井液的流动阻力，减少固相含量用以提高钻速，而对钻井液的悬排能力和护壁性往往要求不高。

3.6.2 坚硬地层钻井液润滑性

钻井液润滑性的首要好处是减小了钻杆回转时的磨耗和损伤，由此可以延长钻杆的使用寿命，减少断钻杆的事故率。其次是润滑直接降低回转扭矩，节约动力消耗，降低设备负荷。尤其在深井、弯曲井的条件下，润滑性不好会使有害无益的长程摩擦扭矩比井底钻头碎岩所需的有功扭矩大几十倍甚至更多。另外，钻井液润滑性强还能降低岩块楔卡在钻杆和井壁之间的摩擦力，有助于减少卡钻事故，加入润滑剂的钻井液可以有效降低钻井液流动的阻力。

3.6.3 案例分析

案例一：武汉地铁 8 号线过江隧道是武汉的第四条过江隧道。越江段隧道穿越地层复杂多变，具有多种地质形态，且分布不均。越江隧道在长江两岸共计约 2100m，穿越地层上部为软土层，下部为粉细砂层，对刀具磨损较轻；江中部分地段上部为粉细砂层，下部为风化岩等复合地层。风化岩复合地层主要包括约 495m 的圆砾土、约 1370m 的强风化砾岩、约 705m 的弱胶结砾岩层、约 430m 的中等胶结砾岩。其中强风化砾岩和弱胶结砾岩对盾构刀具造成的磨损最为严重。

盾构段现场使用的钻井液配方：5％膨润土＋0.5％Na_2CO_3＋0.5％$CaCl_2$＋0.1％HEC＋1％LV-CMC。润滑系数为 0.414，加入 1％的皂化油后，润滑系数降低至 0.101，降低率为 75.6％。盾构钻井液其他的基本参数都基本不变，该钻井液配方很好地适应了现场地层，解决了盾构刀具的严重磨损问题。

案例二：四川盆地某区块水平井 WY23-4HF 井，该区块目的层埋深超过 3800m，地层温度 140℃，钻井液密度 2.05～2.15g/cm^3。WY23-4HG 井三开井段为 3430～5546m，造斜段长 616m，水平段长 1500m。在水平井钻井过程中，随着钻井工具与井壁的接触面积增大，摩阻和扭矩随之增大，易导致托压，使钻压无法顺利施加到钻头，造成工具面摆放困难，从而影响钻井定向施工。在此情况下，首选技术方案为提高钻井液的润滑能力，降低钻具与地层之前的滑动摩擦力；其次，需要提高钻井液的滤失造壁性，形成薄而韧的滤饼，降低钻具滑动摩擦阻力；此外，还可以提高钻井液的携岩能力，及时将钻屑携带出井，减少岩屑床对钻具的摩阻。

现场使用的钻井液配方：水＋1.5％膨润土＋0.5％LV-PAC＋3.0％SMP-Ⅱ＋3.0％SPNH＋3.0％磺化沥青＋3.0％QS-2(400 目)＋7％KCl＋重晶石粉。加入润滑剂 RHJ-1 后，WY23-4HF 井起钻摩阻仅为 300kN，与应用油基钻井液的邻井 WY23-1HF 井摩阻 245kN 相当，与应用水基钻井液的邻井 WY23-2HF 井相比摩阻降幅达 45.5％。

3.6.4 润滑系数和黏附系数

钻井液润滑性指标包括钻井液润滑系数和泥饼黏附系数，对应的测试仪器为 EP-2 极压润滑仪(图 3.6)和 NF-2 黏附系数测定仪(图 3.7)。

图 3.6　EP-2 极压润滑仪

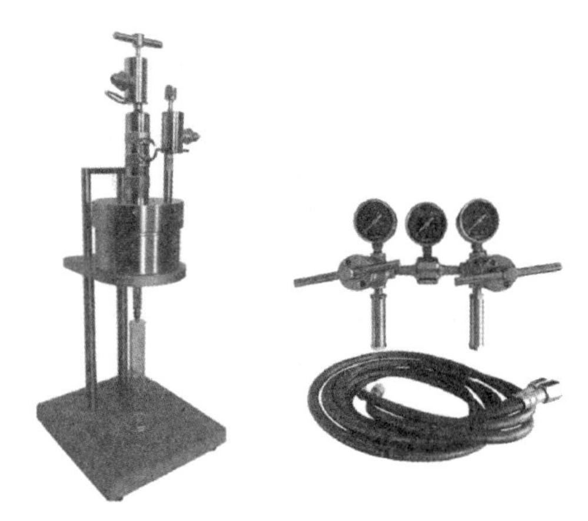
图 3.7　NF-2 黏附系数测定仪

3.6.5　实验设计

首先配置基浆，基浆为 4%钙土+0.16%纯碱。

配方 A：基浆。

配方 B：基浆+0.15%皂化油+0.02%OP-10。

配方 C：基浆+0.15%柴油+0.02%OP-10。

配方 D：基浆+0.15%植物油+0.02%OP-10。

测量各配方的钻井液润滑系数和泥饼黏附系数。

3.7　温度异常地层

3.7.1　温度异常地层特点

温度异常地层分为高温地层和低温地层。典型的温度异常地层有地热储层、深部岩层、冻土层和冰层。在温度异常的地层，钻井液流变性等剧烈衰变，无法满足其功能要求，可能造成井壁失稳。可用耐高温或耐低温材料配置钻井液。

3.7.2　高温地层

3.7.2.1　高温地层特点

高温地层一般与岩浆活动带和放射性矿物有关，在钻进地热井和超深井时，一般会遇到高温地层。随着环境温度尤其是井内温度由常温(20℃左右)到高温(可达 300℃以上)的增升，钻井液的多项性能指标都会不同程度发生差异。有的钻井液性能受高温影响很大，会发生过度析水、劣质稠化、严重失水等现象，导致其无法满足排渣、护壁等一系列重要的功能，甚至相反会恶化井内环境而引发钻井事故。

目前，水基钻井液关键处理剂主要以高分子聚合物为主，其在高温环境下主要存在两方面的问题:①高温降解。深井高温环境下,高分子聚合物处理剂易发生高温降解,钻井液循环过程中的剪切作用会加剧降解,造成处理剂分子主链与支链的断裂,失去效果,进而影响钻井液体系的性能;②高温交联。当高分子聚合物处理剂分子链中含有活性基团或者不饱和键时,在高温的作用下,活性基团之间会出现彼此交联反应,使处理剂分子量显著增大,导致处理剂作用效果变差。

3.7.2.2 案例分析

案例一:杨税务潜山是华北油田目前重点开发地区。该地区储层温度高,压力中等偏低,且存在大段非均质碳酸盐。安探4X井是华北油田杨税务潜山的一口超高温探井,完钻井深为6455m,井底最高温达到206℃,是当时华北油田完钻的最深井。该井四开超高温井段所用钻井液出现聚合物抗温能力不高、提升拉力大、返出岩屑细等问题。

低固相超高温钻井液体系的配方:水+3%~4%膨润土+1.8%~2.3%包被剂(1%低黏包被剂、0.3%复合离子包被剂、0.5%~1%高黏包被剂)+2%~4%降滤失剂(0.5%中、小分子聚合物降滤失剂、1%~1.5%有机硅聚合物降滤失剂、0.5%~1%磺酸盐聚合物降滤失剂、0.5%~1%抗超高温降滤失剂)+2%抗高温树脂+2%页岩抑制剂+1.5%抗高温提切剂+超细碳酸钙。

该低固相超高温钻井液体系密度范围为1.10~1.20g/cm^3,抗温达220℃,抑制性好。将研制的低固相超高温钻井液应用于安探4X井,成功解决了该井段钻井液出现的问题,取得了良好的应用效果。钻进中返出钻屑均为钻头破碎的岩屑,体系封堵造壁性强,能有效抑制井壁垮塌、掉块;同时可有效悬浮携带钻屑,净化井眼,很好地满足了后续地质录井的要求。

案例二:南海油田宝岛19-2构造位于琼东南盆地东区松涛凸起东倾末端,钻进中泥岩水化膨胀严重,容易造成井眼缩颈、坍塌、阻卡等问题。井底温度达170℃以上,地层压力系数变化大,深井裸眼井段长,甚至发生井下事故。

高温水基钻井液体系配方:4%膨润土浆+0.3%~0.5%SDY-7+3%~5%PF-SD101+2.5%~4.5%PF-SHR+2.5%~4%PF-DYFT+0.2%~0.5%PF-WLD+4.0%KCl+1%~2%超细碳酸钙+3%白油+0.3%~0.6%PF-XY28(用重晶石调整密度至1.3~1.9g/cm^3)。

钻井液密度从1.3g/cm^3增加至1.9g/cm^3时,其流变性能较稳定,黏度、切力适中;API滤失量最高3.2mL,高温高压滤失量最高13.5mL;静置24h后,钻井液上下密度差最大0.02g/cm^3,对加重剂悬浮性较好,该配方具有良好的基本性能。现场应用结果表明,该高温水基钻井液体系高温下流变、滤失性稳定,润滑性好,抑制防塌性强,有效解决了三亚组一段、陵水组一段、陵水组三段地层发育有泥岩与砂岩不等厚互层问题,且储层保护效果优良。

案例三:足201-H1井位于渝西区块川中台拱龙女寺台穹的弥陀场向斜东翼的平缓带,井斜深6038m,垂深4 371.5m,井底温度150℃,该井的龙马溪组岩性为黑色页岩。油基钻井液的高温沉降稳定性变差,流变性变化大,日常性能维护难度大。

抗高温强封堵油基钻井液体系配方:水+白油+8%三合一乳化剂YOD-101+6%CaO+6%降滤失剂YOD-201+2%增黏剂YOD-301+2%封堵剂C+2%封堵剂D+1%封堵剂E+10%$CaCl_2$水溶液(质量体积比为30%)+重晶石。

抗高温强封堵油基钻井液在150℃老化前后都具有较好的流变性,老化后,HTHP滤失量 1mL，说明该油基钻井液的封堵性能好。动塑比为 0.24Pa/mPa·s，θ_6/θ_3 为 6/5，说明该油基钻井液的携砂能力好。破乳电压 920V，远大于 400V，说明该油基钻井液的乳化稳定性好。

3.7.2.3 测试参数

测试参数为黏度和滤失量。高温对钻井液的流变性和失水性影响很大，对密度等参数影响较小。在此定义，耐高温系指在高温下钻井液的黏度和失水量等参数的变化不大于原来的 25%。

钻井时井底的温度一般以实测为主，但也可以用地温梯度法进行预测，计算方法如下：

$$T_{底}(℃)=地面平均温度(℃)+[低温梯度(℃/m)\times 垂直井深(m)] \tag{3.5}$$

一般情况下地温梯度为 3℃/100m(即埋藏深度每增加 100m，地温增加 3℃)。而油田分布深度在 600～5000m 之间，多数在 1500～3000m 之间，相应地温在 60～150℃之间，且大多数不超过 100℃。

3.7.2.4 实验方法

此实验为对比实验，对比不同的处理剂在不同温度(如 20℃、60℃、100℃、120℃、150℃)下的流动性和滤失性，设置一个空白对照组。

3.7.2.5 实验仪器和材料

XGRL-4 滚子加热炉、ZNN-D6 六速旋转黏度计、GJSS-B12K 变频高速搅拌机、ZNS-5A 中压滤失仪、滤纸、量筒、电子天平、烧杯、钠基膨润土、低黏钠羧甲基纤维素(LV-CMC)、磺化褐煤树脂(SPNH)。

3.7.2.6 抗温实验材料

低黏钠羧甲基纤维素(LV-CMC)的抗温强，适合于配制盐水钻井液和钙处理钻井液，可作为钻井液的降滤失剂。黄原胶(XC)是一种适用于淡水、盐水和饱和盐水钻井液的高效增黏剂，加入很少的量就可产生较高的黏度，抗温可达 120℃，在 140℃下也不会完全失效。

磺化褐煤树脂(SPNH)主要起降滤失作用，但同时具有一定的降黏作用，在盐水钻井液中抗温可达 230℃。磺甲基酚醛树脂(SMP)热稳定性强，可抗 180℃～200℃的高温，主要用于饱和盐水钻井液的降滤失剂。

淀粉可以降低滤失量，有助于提高黏土颗粒的聚结稳定性，在淡水、海水和饱和盐水钻井液中均可使用。在高温下，淀粉容易溶解，效果变差，抗温淀粉 DFD-140 的抗温性较好，在 4%盐水钻井液中可以稳定到 140℃，在饱和盐水钻井液中可以稳定到 130℃。

3.7.2.7 对比实验配方

(1)5%钠基膨润土+0.5%LV-CMC。

(2)5%钠基膨润土+0.5%XC。

(3)5%钠基膨润土+0.5%LV-CMC+3%SPNH。

(4)5%钠基膨润土+0.5%LV-CMC+3%SMP。

(5)5%钠基膨润土+0.5%LV-CMC+抗温降滤失剂。

(6)5%钠基膨润土+0.5%LV-CMC+2%改性淀粉。

3.7.2.8 实验步骤

(1)实验前,按照上述配方绘出实验表格,方便记录数据。

(2)按配方配好钻井液,测量其在常温状态下的黏度和滤失量。

(3)将其放入滚子加热炉中以100℃(或其他温度)的温度热滚16h后取出,冷却后,测量其高温热滚后的流变参数和滤失性能。

(4)对比钻井液在常温状态下和高温热滚后的黏度和滤失量,评价处理剂对钻井液流变性和滤失性的影响,优选性能较好的处理剂。

3.7.3 低温地层

3.7.3.1 低温地层特点

低温地层主要包括冰层(如极地等)、永冻岩土层(如我国北方许多地区)和深海冷水地层(如海底天然气水合物冻层等)三大类。在低温环境下钻进,一方面要求钻井液不冻结而维持可流动状态,仍能够起到常规钻井液所具有的多种作用;另一方面要求它们能够防止钻头碎岩产生的高温对冻结井壁的溶蚀,尽可能保持井壁的自然物态和温度状态。根据钻井液冰点的高低,可以采取加入无机盐和防冻剂等措施降低钻井液的冰点。

3.7.3.2 案例分析

案例一:大场矿区位于青海玉树州曲麻莱县内,区内气候寒冷,年平均气温在0℃以下,大场矿区内出露的地层相对单一,地层从下到上主要有下二叠统布青山群马尔争组(P_1m)、三叠系巴颜喀拉山群(*TBY*)、古近系(E)、第四系(Q)等地层。青海大场矿区冻土发育,据青海省地质局第二地质勘查院勘探资料表明,对于季节性冻土,一般埋深上限在0.15~0.5m之间,下限在2.4~10.2m之间,季节性冻土以下属于多年冻土(即永冻层),永冻层平均厚度约为20m,在施工期间测得永冻层温度在-8.2~-3.5℃之间。在大场主带的ZK9701钻孔中永冻层埋深最大下限达109.9m。根据钻孔调查,季节性冻土与永冻层分布和厚度受纬度、地形、地表水系、地层性质等多种因素的影响。

外界低温环境和永冻层对大场矿区的钻探施工带来的主要问题:①普通钻井液在0℃以下的低温环境中极易产生絮凝、流动性下降、黏度升高,甚至冻结的现象,停待期间地表循环系统容易发生冰冻;②钻孔内含砂砾石的冰碛物地层极易发生热融性坍塌,钻孔内泥质永冻层容易产生热胀性坍塌;③在第四系以下的基岩永冻层下钻过程的停待期间容易发生冻钻事故。

低温钻井液配方:水+4%钙基膨润土+0.2%Na_2CO_3+10%NaCl+2%KCl+5%乙二醇+0.15%HV-CMC+0.3%LV-PAC。

该配方在-10℃温度下不冻结,未发生絮凝现象,流动性较好,低温(-9.1℃)下失水量为8.2mL,形成的泥饼薄而致密,厚度小于0.5mm,密度1.1g/cm^3,苏式漏斗黏度34s,动切力 9.453Pa，动塑比 0.67Pa/mPa·s，动切力和动塑比与其他配方相比较大，剪切稀释性好，钻井液能有效地携带岩屑，满足大场矿区永冻层低温钻井液的冰点要求。

案例二：川藏铁路拉萨至林芝段位于青藏高原东南部，设计钻孔位于海拔 3800～5100m，根据 2018 年冬季初测时的气温统计情况，该段山区最低气温为－28℃～－20℃。复杂的生态环境、多变的地质条件以及寒冷的气候给钻探工作带来重大的挑战。多年冻土区的开发使得此世纪工程变得更具有挑战性，冻土分布复杂、不均匀，硬岩、软岩、松散岩、不规则岩以及大量敏感植被，尤其是陡坡砂岩中发育裂隙形成了恶性渗漏。因为这些复杂的条件，使得钻进过程中缩径、钻井液损失经常发生，甚至引发卡钻、埋钻等井内事故。

低温钻井液配方：水＋5％钠土＋16％HCOONa＋1‰Na_2SiO_3＋1.5％CMS＋2‰GA。

使用 HCOONa 作为耐低温钻井液的防冻剂，钻井液具有良好的低温适应性，随着防冻剂浓度的增加，低温适应性逐步增强。HCOONa 浓度达 16％时，耐低温钻井液具有较理想的流变参数。采用友好型聚合物处理剂（GA）用来调节钻井液的黏度与流变性，影响了的钻井液的剪切稀释特性。

案例三：南极科学钻探包括积雪层钻进、冰层钻进和冰下岩层钻进。南极积雪层厚度一般在 100m 左右，密度小于 830kg/m^3。由于积雪层的渗透性非常高，需用套管进行隔离。冰是一种非线性的流变物质，很小的应力也可使其产生屈服而发生蠕变，使得钻孔的缩径，造成升降钻具遇阻甚至卡钻等孔内事故。南极冰层的密度在 830～925kg/m^3之间，在冰层中钻进需要具有特定密度、耐低温钻井液来平衡冰层压力，维持孔壁的稳定。南极冰盖下的岩层可钻性等级可达Ⅸ～Ⅹ，且表层风化严重，裂隙发育，若要采取到岩心也需要选择具有耐低温能力和护壁堵漏能力强的钻井液。

通过深入的理论分析和大量的试验研究，优选出了 3 种密度和黏度性能基本符合南极冰层取心钻进用钻井液的单质和配方。一是低分子量硅氧烷，具有黏温系数小、耐低温能力强及无环境污染等特点。在－30℃时，它的运动黏度为 5.41mm^2/s，密度为 0.924 0g/cm^3；在－60℃时，它的运动黏度为 12.29mm^2/s，密度为 0.952 0g/cm^3。二是低分子量的一元脂肪酸酯 MFAE，具有低温流变特性良好、低毒等特性。在－30℃时，它的运动黏度为 4.03mm^2/s，密度为 0.918 9g/cm^3；在－60℃时，它的运动黏度为 15.34mm^2/s，密度为 0.945 0g/cm^3。三是低分子量的二元脂肪酸酯 STE-A，具有高闪点、低黏度及无刺激性等特点。在－30℃时，它的运动黏度为 7.65mm^2/s，密度为 0.914 5g/cm^3；在－60℃时，它的运动黏度为 58.5mm^2/s，密度为 0.938 5g/cm^3。

3.7.3.3 测试参数

测试参数为黏度和滤失量。在此定义，耐低温系指在低温下钻井液的黏度和滤失量等参数的变化不大于原来的 25％。

3.7.3.4 实验方法

进行对比实验，对比不同的处理剂在不同温度（如 20℃、－4℃）下的流变性和滤失性，设置一个空白对照组。

3.7.3.5 实验仪器和材料

ZNN-D6六速旋转黏度计、GJSS-B12K变频高速搅拌机、ZNS-5A中压滤失仪、冰箱、滤纸、量筒、电子天平、烧杯、钠膨润土、低黏钠羧甲基纤维素(LV-CMC)、乙二醇。

3.7.3.6 抗温实验材料

使用NaCl、KCl、Ca_2Cl、Na_2CO_3等无机盐可以降低钻井液的冰点。钻井液加有机添加剂时,一般使用无机盐作防冻剂。

在基浆中添加乙醇、丙三醇、乙烯乙二醇、聚乙烯乙二醇和某些表面活性剂等有机添加剂可以得到低温钻井液。其中,乙二醇是最常用的水溶性防冻剂,具有来源广泛、价格低廉、安全无毒无污染、在水中溶解度大等特点。乙二醇显弱酸性,有协助防塌的作用。

3.7.3.7 对比实验配方

(1)6%土+0.5%LV-CMC。

(2)6%土+0.5%LV-CMC+20%乙二醇。

(3)6%土+0.5%LV-CMC+16%HCOONa。

3.7.3.8 实验步骤

(1)实验前,按照上述配方绘出实验表格,方便记录数据。

(2)按配方配好钻井液,测量其在常温状态下的黏度和滤失量。

(3)然后将钻井液放入冰箱冷冻,冷冻16h后取出,测量其流变性和滤失性。

(4)对比钻井液在常温状态下和冷冻后的黏度和滤失量,评价处理剂对钻井液流变性和滤失性的影响,优选性能较好的处理剂。

3.8 储层伤害地层

3.8.1 评价方法

岩心分析(Rock Analysis)的主要目的是全面认识油藏岩石的物理性质和岩石中敏感性矿物的类型、产状,以及含量和分布特点,确定油气层潜在损害的类型、程度及原因,从而为各项作业中保护油气层工程方案的设计提供依据和建议。岩心分析有多种实验手段,其中岩相学分析的三项常规技术分别是X-射线衍射(XRD)分析、薄片分析、扫描电镜(SEM)分析。

(1)X-射线衍射(XRD)分析。XRD分析是根据晶体对X-射线的衍射特性来鉴别物质的方法。由于绝大多数岩石矿物都是结晶物质,因此该项技术已成为鉴别储层内岩石矿物的重要手段。

(2)薄片分析。薄片分析技术主要用于测定油藏岩石中骨架颗粒、基质和胶结物的组成和分布,描述孔隙的类型、性质及成因,了解敏感性矿物的分布及其对油气层可能引起的损害。薄片分析的特点是直观、试验费用低,常安排在XRD和扫描电镜之前进行。但应注意,只有选择有代表性的岩心制成薄片，分析结果才有实用价值。

（3）扫描电镜（SEM）分析。SEM 分析能提供孔隙内充填物的矿物类型、产状和含量的直观资料，同时也是研究孔隙结构的重要手段。该项技术在保护油气层中的应用包括对油气层中的黏土矿物和其他敏感性矿物进行观测，获取油气层中孔喉的形态、尺寸、弯曲度以及与孔隙的连通性等资料。

3.8.2 油气层敏感性评价

油气层敏感性评价是指通过岩心流动实验对油气层的速敏、水敏、盐敏、碱敏和酸敏性强弱及其所引起的油气层损害程度进行评价，通常简称为“五敏”实验。

3.8.2.1 速敏评价实验

油气层的速敏性是指在钻井、完井、试油、注水、开采和实施增产措施等作业或生产过程中，流体的流动引起油气层中的微粒发生运移，致使一部分孔喉被堵塞而导致油气层渗透率下降的现象。一般情况下，首先需要进行速敏评价实验，所有后面评价实验的流速应低于临界流速，一般控制在临界流速的 0.8 倍。

对于采油井，速敏评价实验应选用煤油作为实验流体；对于注水井，则应使用地层水或模拟地层水作为实验流体。通过测定不同注入速度下岩心的渗透率，判断储层岩心对流速的敏感性。对临界流速的判定标准：若流量 Q_{i-1} 对应的渗透率 K_{i-1} 与流量 Q_i 对应的渗透率 K_i 之间满足下式：

$$[(K_{i-1}-K_i)/K_{i-1}]\times 100\% \geqslant 5\% \tag{3.6}$$

则表明已发生流速敏感，然后由临界流量求得临界流速 V_c。

3.8.2.2 水敏评价实验

所谓水敏，主要指矿化度较低的钻井液等外来流体进入地层后引起黏土水化膨胀、分散或运移，进而导致渗透率下降的现象。进行水敏评价实验的目的，就是对油藏岩石水敏性的强弱作出评价，并测定最终使储层渗透率降低的程度。

测定时，首先用地层水或模拟地层水测得岩心的渗透率 K_f，然后用次地层水（将地层水与蒸馏水按 1∶1 的比例相混合而得到）测得岩心的渗透率 K_{af}，最后用蒸馏水测出岩心的渗透率 K_w，通常用 K_w 和 K_f 的比值来判断水敏程度，其评价标准如表 3.3 所示。

表 3.3 水敏性评价标准

K_w/K_f	≤0.3	0.3～0.7	≥0.7
水敏程度	强	中等	弱

3.8.2.3 盐敏评价实验

该项实验是测定当注入流体的矿化度逐渐降低时岩石渗透率的变化，从而确定导致渗透率明显下降时的临界矿化度 C_c。实验程序与水敏评价实验基本相同。首先用模拟地层水测定岩样的盐水渗透率，然后依次降低地层水的矿化度，再分别测定盐水渗透率，直至找出 C_c 值为止。若矿化度 C_{i-1} 对应的渗透率 K'_{i-1} 与矿化度 C_i 对应的渗透率 K'_i 之间满足下式：

$$[(K'_{i-1}-K'_i)/K'_{i-1}]\times 100\% \geqslant 5\% \tag{3.7}$$

则表明已发生盐敏，矿化度 C_{i-1} 即为临界矿化度。

3.8.2.4 碱敏评价实验

地层水一般呈中性或弱碱性，但大多数钻井液、完井液的 pH 值在 8～12 之间。当高 pH 值的工作流体进入储层后，将促进储层中黏土矿物的水化膨胀或分散，并使硅质胶结物结构破坏，促进微粒的释放，从而造成堵塞损害。该项实验的目的在于确定临界 pH 值以及由碱敏引起油气层损害的程度。

测定时，首先以地层水的实际 pH 值为基础，通过适量添加 NaOH 溶液分别配制不同 pH 值的盐水，最后一级盐水的 pH 值等于 12。如果 $(pH)_{i-1}$ 所对应的盐水渗透率 K''_{i-1} 与 $(pH)_i$ 所对应的盐水渗透率 K''_i 之间满足类似式(3.7)的条件，则表明已发生碱敏，$(pH)_{i-1}$，即为临界 pH 值。

3.8.2.5 酸敏评价实验

该项实验的目的是通过模拟酸液进入地层的过程，用不同酸液测定酸化前后渗透率的变化，从而判断油气层是否存在酸敏性并确定酸敏的程度。

评价实验的步骤可简要概括为先用地层水测出岩样的基础渗透率，再用煤油正向测出注酸前的渗透率 K_L；反向注入 0.5～1.0 倍孔隙体积的酸液，关闭阀门反应 1～3h，最后用煤油正向测定注酸后的渗透率 Kz。根据两渗透率之间的比值 (Kz/K_L)，可对酸敏程度作出评价，评价指标如表 3.4 所示。

表 3.4 酸敏性评价标准

Kz/K_L	≤0.3	0.3～0.7	≥0.7
酸敏程度	强	中等	弱

敏感性评价是诊断油气层损害的重要实验手段。一般来讲，对任何一个油田区块，在制定保护油气层方案之前，都应系统地开展敏感性评价。

3.8.3 工作液对油气层的损害评价

开展本项评价实验的目的，是通过测定工作液侵入油藏岩石前后渗透率的变化，来评价工作液对油气层的损害程度，判断它与油气层之间的配伍性，从而为优选工作液的配方和施工工艺参数提供实验依据。

该项评价实验应尽可能模拟地层的温度和压力条件。一般先用地层水饱和岩样，再用中性煤油进行驱替，建立束缚水饱和度，并测出污染前岩样的油相渗透率 K_o；然后在一定压力下反向注入工作液，历时 2h。若 2h 内不见滤液流出，可通过延长接触时间或增大驱替压力，直至有滤液流出时为止；将岩样取出并刮除滤饼后，再次用煤油驱替，正向测定污染后岩样的

油相渗透率 K_{op}，并用下式评价工作液的损害程度：

$$R_s = [1 - (K_{op}/K_o)] \times 100\% \quad (3.8)$$

式中，R_s为渗透率的损害率，表示工作液对油气层的损害程度。

3.8.4 油气层损害机理

3.8.4.1 油气层的潜在损害因素

油气层发生损害的潜在因素指的是导致渗透率降低的油气层内在因素，包括以下几点。

(1)油气层储渗空间。从微观角度来看，孔喉类型与孔隙结构参数与油气层损害关系很大。一般情况下，如果孔喉直径较大，则固相颗粒侵入的深度较深，因固相堵塞造成的损害就会比较严重，而滤液造成的水锁、气阻等损害的可能性就较小。此外，孔喉的弯曲度越大和连通性越差，则油气层越容易受到损害。

(2)油气层的敏感性矿物。敏感性矿物是指油气层容易与外来流体发生物理和化学作用并导致油气层渗透率下降的矿物。按照其引起敏感的因素不同，可将敏感性矿物分为速敏、水敏、盐敏、酸敏和碱敏5种。油气层中常见的敏感性矿物分类情况及主要损害形式如表3.5所示。

表3.5 油气层中常见的敏感性矿物分类情况及主要损害形式

敏感性类型		敏感性矿物	主要损害形式
速敏性		高岭石、毛发状伊利石、微晶石英、微晶长石、微晶白云母等	分散运移、微粒运移
水敏性和盐敏性		蒙脱石、绿蒙混层、伊蒙混层、降解伊利石、降解绿泥石	晶格膨胀、分散运移
酸敏性	盐酸酸敏	绿泥石、绿蒙混层、铁方解石、铁白云石、赤铁矿、黄铁矿等	$Fe(OH)_3\downarrow$、非晶质 $SiO_2\downarrow$、微粒运移
	氢氟酸酸敏	方解石、白云石、浮石、钙长石、各种黏土矿物等	$CaF_2\downarrow$、非晶质 $SiO_2\downarrow$
碱敏性(pH>12)		钾长石、钠长石、斜长石、微晶石英、蛋白石、各种黏土矿物等	硅酸盐沉淀、形成硅凝胶

(3)油藏岩石的润湿性。它可分为亲水性、亲油性和中性润湿。

①润湿性是控制地层流体在孔隙介质中的位置、流动和分布的重要因素。对于亲水性岩石，水通常吸附于颗粒表面或占据小孔隙角隅。油气则位于孔隙中间部位，而亲油性岩石正好出现与此相反的情况。

②润湿性决定着岩石中毛细管力的大小和方向。由于毛细管力方向总是指向非润湿相一方，因此对于亲水性岩石，毛细管力是水驱油的动力；而对于亲油性岩石，毛细管力则是水驱油的阻力。

③润湿性对油气层中微粒运移的情况有很大影响。一般只有当流动着的流体润湿微粒

时，运移才容易发生。

(4)油气层流体性质。除油气藏岩石外，油气层流体也是引起损害的潜在因素。因此在进行钻井液等工作流体设计时必须全面了解地层水、原油和天然气的性质。

①地层水性质。地层水性质主要包括矿化度，离子类型与含量，pH 值和地层水的水型等。

②原油性质。影响原油性质的主要因素有黏度和含蜡量、胶质和沥青质含量、析蜡点和凝固点等。

③天然气性质。与油气层损害有关的天然气性质主要体现在 H_2S 和 CO_2 等腐蚀性气体的含量上。

3.8.4.2 固体颗粒堵塞造成的损害

(1)流体中固体颗粒堵塞油气层造成的损害。当井筒内流体的液柱压力大于油气层孔隙压力时，外来流体中的固体颗粒就会随液相一起进入油气层，其结果会堵塞油气层而引起损害。特别是在泥饼形成之前，固相侵入的可能性更大。影响外来固体颗粒对油气层的损害程度和侵入深度的因素有以下几点。

①固体颗粒粒径与孔喉直径的匹配关系。实验研究表明，只有满足颗粒粒径大于孔喉直径 1/3 这一条件，颗粒才能通过架桥形成泥饼。显然，越细的颗粒越易侵入深部的油气层。为了有效地阻止固相颗粒的侵入，大于孔喉直径 1/3 的颗粒在工作流体中的体积含量，应不少于体系中固相总体积的 5%。

②固体颗粒的质量分数。工作流体中固体颗粒的质量分数越高，则颗粒的侵入量越大，造成的损害越严重。若使用清洁盐水钻开油气层，基本上可以避免这种形式的损害。

③施工作业参数。显然较大的正压差对固相颗粒的侵入有利，因此近平衡或欠平衡压力时间越短，固体颗粒会侵入越深，损害程度越大。

(2)地层中微粒运移造成的损害。在各种井下作业过程中都会出现由于微粒运移造成的油气层损害。产生微粒运移的原因，是由于储层中含有许多粒度极小的黏土和其他矿物的微粒(一般称粒径小于 37μm 的颗粒为微粒)。在未受到外力作用时，这些微粒附着在岩石表面被相对固定。但在一定外力作用下，它们会从孔壁上分离下来，并随孔隙内的流体一起流动。当运移至孔喉位置时，一些微粒便会被捕集而沉积下来，对孔喉造成堵塞。

导致微粒运移的临界流速与岩石和微粒的润湿性、岩石与微粒之间的胶结强度、孔隙的几何形状、岩石表面的粗糙度、流体的离子浓度、pH 值以及界面张力等因素有关。

3.8.4.3 工作液与油气层岩石不配伍造成的损害

(1)水敏性损害。水敏性损害的含义是当进入油气层的外来流体与油气层中水敏性矿物不相配伍时，将使这类矿物发生水化膨胀和分散，从而导致油气层的渗透率降低。这种类型的损害具有以下特点。

①储层中水敏性矿物含量越高，水敏损害的程度越大。

②各种黏土矿物所造成水敏性损害的程度不同，由高到低的顺序为蒙脱石、伊蒙混层、伊利石、绿泥石和高岭石。

③当油气层中水敏性矿物的含量相近时，低渗油气层的水敏性损害程度要大于高渗油气层。

④外来流体的矿化度越低，水敏性损害越严重。

(2)碱敏性损害。当高 pH 值的外来流体侵入油气层后，油气层中的碱敏性矿物发生相互作用造成油气层渗透率下降的现象称为碱敏性损害。产生碱敏性损害的原因主要有以下两点。

①碱性环境更有利于油气层中黏土矿物水化膨胀。

②碱可与隐晶质石英、蛋白石等矿物反应生成硅凝胶而堵塞孔道。

(3)酸敏性损害。由于酸化作业时所使用的酸液与油气层岩石不配伍而导致油气层渗透率下降的现象称为酸敏性损害。损害形式一是造成微粒释放，二是某些已溶解矿物所电离出的离子在一定条件下再次生成沉淀。造成酸敏性损害的沉淀物和凝胶有 $Fe(OH)_3$、$Fe(OH)_2$、CaF_2、MgF_2、Na_2SiF_6、Na_3AIF_6 以及硅酸凝胶等。影响酸敏性损害程度的因素有油气层中酸敏性矿物的含量、酸液的组成及质量分数，还有酸化后反排酸液的时间。大部分沉淀在酸液质量分数很低时才能生成。

(4)油气层岩石润湿反转造成的损害。在外来流体中某些表面活性剂或原油小沥青质等极性物质的作用下，岩石表面会发生从亲水变为亲油的润湿反转。润湿反转通常会对油气层造成以下后果。

①油相由原来占据孔隙的中间位置变成占据较小孔隙的角隅或吸附于颗粒表面，从而大大地减少了油流通道。

②毛管力由原来的驱油动力变成驱油阻力，会使注水过程中的驱油效率显著降低，使相对渗透率曲线发生改变，造成油气的相对渗透率趋于降低。试验表明，当油气层转变为油润湿后，油相渗透率将下降 15%～85%。影响润湿性发生改变的因素主要有外来流体中表面活性剂的类型与质量分数、原油沥青质的含量与组成，以及水相的离子组成与强度、pH 值和地层温度。

3.8.4.4 工作液与油气层流体不配伍造成的损害

(1)无机垢堵塞。如果外来流体与油气层流体各含有不相配伍的离子，便会在一定条件下形成无机垢。常见的无机垢类型有 $CaCO_3$、$CaSO_3 \cdot 2H_2O$、$BaSO_4$、$SrSO_4$、$SrCO_3$ 和 FeS 等。

(2)有机垢堵塞。当外来流体与油气层的原油不配伍时，可导致形成有机垢而堵塞油气孔道。有机垢一般以石蜡为主要成分，同时还有含量不等的沥青质、胶质、树脂及泥砂等。

(3)乳化堵塞。外来流体中常含有一些具有表面活性的添加剂。当这些添加剂进入油气层后会使油水的界面性质发生改变，从而使外来的油相(如油基钻井液中的基油)与地层水，或者外来的水相与储层原油相混合后形成某种相对稳定的 W/O 或 O/W 型乳状液。油气层中的一些固体微粒也会促进乳状液的形成并增强其乳化稳定性。乳状液的形成一方面直接对孔喉造成堵塞，另一方面由于乳状液黏度极高，会增加油气的流动阻力。

(4)细菌堵塞。在各作业环节或油气开采过程中，地层中原有的细菌或随外来流体一起侵入的细菌在遇到适宜的生长环境时，便会迅速繁殖，所产生的菌落和黏液可堵塞油气孔道而对油气层造成损害。常见的细菌类型有硫酸盐还原菌、腐生菌和铁细菌等。

3.8.4.5 油气层岩石毛细管阻力造成的损害

岩石的孔道是油气层中流体流动的基本空间。由于从宏观来看这些孔道很小,因此可将其看作是无数个大小不等、形状各异、彼此曲折相连的毛细管。由岩石的毛细管阻力引起的主要损害形式是水锁效应。水锁效应是指当油、水两相在岩石孔隙中渗流时,水滴在流经孔喉处遇阻,从而导致油相渗透率降低的损害形式。对于低渗或特低渗油气藏,水锁效应往往是其主要的损害机理,应引起特别的重视。

水锁效应通常是由于钻井液等外来流体的滤液浸入而引起的。因此,尽量控制外来流体滤失量是防止水锁损害的有效措施。目前,解除这种损害的方法是选用某些表面活性剂或醇类有机化合物进行处理,以降低油、水界面张力,从而减小毛细管阻力。此外,在采油过程中适当提高生产压差以克服毛细管阻力,也是减轻水锁损害的有效途径。

以上介绍了可能导致油气层损害的各种机理。实际上,对于不同类型油气藏以及在不同的外界条件下,损害机理是不同的。因此,必须根据储层的类型和特点,在全面、系统地进行岩心分析和室内损害评价的基础上,才能对某一具体油气层的主要损害机理作出准确的诊断,然后在此基础上才能制定出保护油气层的技术方案。

3.8.5 保护油气层的钻井液体系

钻开油气层的优质钻井液不仅要在组成和性能上满足地质和钻井工程的要求,还必须满足保护油气层技术的基本要求。这些基本要求可归纳为以下几个方面:①必须与油气层岩石相配伍;②必须与油气层流体相配伍;③尽量降低固相含量;④密度可调,以满足不同压力油气层近平衡压力钻井的需要。为了达到上述要求,经过多年来的室内研究和现场试验,我国已先后研制出水基型、油基型和气体型三大类共计10余种钻开油气层的钻井液。

3.8.5.1 水基钻井液

由于水基钻井液具有配制成本较低、处理剂来源广、可供选择的类型多以及性能比较容易控制等优点,因此一直是钻开油气层的首选钻井液体系。该类钻井液按其组成与使用范围又分为如下8种不同的体系。

1)无固相清洁盐水钻井液

该类钻井液不含膨润土及其他任何固相,密度通过加入不同类型和数量的可溶性无机盐进行调节。选用的无机盐包括 $NaCl$、$CaCl_2$、KCl、$NaBr$、KBr、$CaBr_2$ 和 $ZnBr_2$ 等。由于其种类较多,密度可在 $1.0\sim2.3g/cm^3$ 范围内调整。因此基本上能够在不加入任何固相的情况下满足各类油气井对钻井液密度的要求。无固相清洁盐水钻井液的流变参数和滤失量通过添加对油气层无损害的聚合物来进行控制,为了防止对钻具造成的腐蚀,还应加入适量缓蚀剂。

2)水包油钻井液

水包油钻井液是将一定量的油(通常选用柴油)分散在淡水或不同矿化度的盐水中,形成的一种以水为连续相、油为分散相的无固相水包油乳状液。它的组分除水和油外,还有水相增黏剂、降滤失剂和乳化剂等。它的密度可通过改变油水比和加入不同类型、不同质量分数的可溶性无机盐来调节，最低密度可达 0.89g/cm^3。

水包油钻井液的滤失量和流变性能可通过在水相或油相中加入各种与储层相配伍的处理剂来调整。这种钻井液特别适用于技术套管下至油气层顶部的低压、裂缝发育、易发生漏失的油气层，同时也是欠平衡钻井中的一种常用钻井液体系。它的不足之处是油的用量较大，因而配制成本较高，同时对固控的要求较高，维护处理也有一定难度。

3)无膨润土暂堵型聚合物钻井液

膨润土颗粒的粒度很小，在正压差作用下容易进入油气层且不易解堵，从而造成永久性损害。为了避免这种损害，可使用无膨润土暂堵型聚合物钻井液体系。该体系由水相、聚合物和暂堵剂固相颗粒组成，它的密度依据油气层孔隙压力，通过加入 NaCl、$CaCl_2$ 等可溶性盐进行调节，但也不排除在某些情况下(地层压力系数较高或易坍塌的油气层)仍然使用重晶石等加重材料。它的滤失量和流变性能主要通过选用各种与油气层相配伍的聚合物来控制，常用的聚合物添加剂有 HV-CMC、HEC、PHP 和 XC 生物聚合物等，暂堵剂也在很大程度上起降滤失的作用。在一定的正压差作用下，所加入的暂堵剂在近井壁地带形成内泥饼和外泥饼，可阻止钻井液中的固相和滤液继续侵入。目前常用的暂堵剂按不同的溶解性分为酸溶性暂堵剂、水溶性暂堵剂和油溶性暂堵剂。

4)低膨润土暂堵型聚合物钻井液

膨润土会给油气层带来危害，但它却能够给钻井液提供所必需的流变和降滤失性能，还可减少钻井液所需处理剂的加量，降低钻井液的成本。低膨润土暂堵型聚合物钻井液的特点是在组成上尽可能减少膨润土的含量，使之既能使钻井液获得安全钻进所必需的性能，又能够对油气层不造成较大的损害。在这类钻井液中，膨润土的含量一般不得超过 50g/L，其流变性和滤失性可通过选用各种与油气层相配伍的聚合物和暂堵剂来控制。除了适量的膨润土外，其配制原理和方法与无膨润土暂堵型聚合物钻井液相类似。

例如，新疆克拉玛依油田克 84 井钻开储层时，便采用了典型的低膨润土暂堵型聚合物钻井液体系。该井设计的三开钻井液配方：3%膨润土浆+0.3%FA367+0.3%XY27+0.5%JT888+7%KC1+5%SMP-1+3%SPNH+0.6%NPAN+1%RH101+2%单封(或 KYB，或 XWB-1)+2%QCX-1+1.5%JHY+适量铁矿粉。目前，低膨润土暂堵型聚合物钻井液已在我国各油田得到较广泛的应用。

5)改性钻井液

我国大多数油气井均采用长段裸眼开油气层，技术套管未能封隔油气层以上的地层。这种情况下，为了减轻油气层损害，有必要在钻开油气层之前对钻井液进行改性。所谓改性，就是将原钻井液从组成和性能上加以适当调整，以满足保护油气层对钻井液的要求。经常采取的调整措施包括：①废弃一部分钻井液后用水稀释，以降低膨润土和无用固相含量；②根据需要调整钻井液配方，尽可能提高钻井液与油气层岩石和流体的配伍性；③选用适合的暂堵剂，并确定其加量；④降低钻井液的 API 中压和 HTHP 滤失量，改善其流变性和泥饼质量。使用改性钻井液的优点是应用方便，对井身结构和钻井工艺无特殊要求，而且原钻井液可得到充分利用，配制成本较低，因而在国内外均得到广泛的应用。但由于原钻井液中未清除固相以及某些与储层不相配伍的可溶性组分，因此难免会对油气层有一定程度的损害。

6)屏蔽暂堵钻井液

屏蔽暂堵是近30年来在我国发展起来的一项技术,其特点是利用正压差,在一个很短的时间内,使钻井液中起暂堵作用的各种类型和尺寸的固体颗粒进入油气层的孔喉,在井壁附近形成渗透率接近于零的屏蔽暂堵带(或称为屏蔽环),从而可以阻止钻井液以及水泥浆中的固相和滤液继续侵入油气层。由于屏蔽暂堵带的厚度远远小于油气井的射孔深度,因此在完井投产时可通过射孔解堵。

7)聚合醇钻井液

聚合醇(JLX)是协调钻井工程技术和环境保护之间矛盾的产物。现场应用表明,聚合醇具有优异的防塌、润滑和保护油气层等特性。聚合醇是一种环境可接受的非离子型钻井液处理剂,它显示浊点效应,当温度超过其浊点时,会发生相分离作用而从水相中析出,形成一种憎水而类似油的膜并自动地富集在黏土表面,使黏土的水化膨胀受到抑制;聚合醇是一种非离子型低分子聚合物,具有一般表面活性剂的特点,具有表面活性,能降低油水界面张力,使侵入的钻井液滤液易于返排,有利于保护油气层;聚合醇具有极低的荧光级别和生物毒性,满足地质录井和环境保护的要求。聚合醇钻井液体系(PEM)具有很强的抑制性与封堵性,能有效地稳定井壁,润滑性能好,对油气层损害程度低,渗透率恢复值在85%以上,有利于保护油气层,毒性极低,易生物降解,对环境影响小,维护简单。

8)烷基葡萄糖甙钻井液

烷基葡萄糖甙是糖的半缩醛羟基与某些具有一定活性基团的化合物起反应,生成含甙键结构的淀粉与糖的衍生物。烷基葡萄糖甙钻井液具有如下性能:①强的抑制性、封堵和降滤失作用;②良好的润滑性能;③良好的保护油气层性能,对油气层损害低,其渗透率恢复值高达88.7%;④良好的生物可降解性和热稳定性;⑤流变性易调整,抗污染性强。

3.8.5.2 油基钻井液体系

目前使用较多的油基钻井液是油包水乳化钻井液。由于这类钻井液以油为连续相,滤液是油,因此能有效地避免对油气层的水敏损害。与一般水基钻井液相比,油基钻井液的损害程度较低。但是,使用油基钻井液钻开油气层时应特别注意防止因润湿反转和乳化堵塞引起的损害,同时还应防止钻井液中过多的固相颗粒侵入储层。在使用油基钻井液钻开储层时,防止发生润湿反转的关键在于必须选用合适的乳化剂和润湿剂。一般来说,对于砂岩储层,应尽量避免使用亲油性较强的阳离子型表面活性剂,最好是在非离子型和阴离子型表面活性剂中进行筛选。油基钻井液的配制成本高,易造成环境污染,因而在使用上受到限制。与水基钻井液相比,目前我国油基钻井液的使用相对较少。

3.8.5.3 保护油气层的气体类钻井流体

对于低压裂缝性油气层、稠油层、低压强水敏或易发生严重井漏的油气层,由于其压力系数低(往往低于0.8),要减轻正压差造成的损害,需要选择密度低于1g/cm^{3}的钻井流体来实现近平衡或欠平衡压力钻井。使用气体类钻井流体便可以实现这一点。气体类钻井流体按组成可分为空气、雾、充气钻井液和泡沫4种,后两种已在我国得到推广应用。这4种流体的共同特点是密度小、钻速快,通常在负压条件下钻进,因而能有效地钻穿易损失地层,减轻由于正压差过大而造成的油气层损害。

3.8.6 案例分析

案例一:伊拉克 Missan 油田(简称 M 油田)主要储层为碳酸盐岩储层,碳酸盐岩储层工程地质条件复杂,孔隙类型多样、裂缝不同程度发育,宏观-微观多尺度结构复杂,应力敏感性强、裂缝动态宽度变化大、易突然开启并伴随大量新裂缝产生,引起灾变性漏失,因此需要在不损伤储层的基础上实现安全高效钻进。

基本配方:水+0.2%NaOH+0.2%Na_2CO_3+16%NaCl+3%KCl+1.0%流型调节剂 VIS-B+3%降失水剂 STA+0.5%暂堵剂 Dua+5%暂堵剂 Jqw+1.5%润滑剂 Lub-1+40% HCOONa(1.28g/cm^3)。

将氯化钠、甲酸钠和氯化钾复合结合使用,可使得该配方体系在密度 1.10~1.28g/cm^3 之间稳定可调,抗温可达 130℃,充分满足 M 油田不同储层段的需求;VIS-B 结合润滑剂 Lub-1 协同使用时,体系具有较高的低剪切速率黏度和较好的润滑性能,有效满足水平井钻进需求。该体系具有较好的抗 $CaCl_2$、$MgCl_2$、$CaSO_4$ 及地层水污染的能力,且具有一定的储层保护效果。

案例二:川西地区勘探开发实践表明,储层裂缝发育程度是影响川西区块气井产能的主要因素之一。川西陆相低渗气藏储层下沙溪庙组以厚层岩屑长石砂岩、岩屑石英砂岩为主,上沙溪庙组以紫红色含钙质结核的泥岩为主,夹厚层长石石英砂岩,黏土矿物占全矿物的比例为 16%~35%,渗透率为(0.8~17.5)$\times 10^{-3}\mu m^2$,平均渗透率 $0.021\times 10^{-3}\mu m^2$,孔隙度为 0.9%~15.33%,平均孔隙度 8.66%。针对川西气藏普遍存在渗透率低、孔喉形状复杂、气体流动阻力较高等特征,相关部门开展了低损害钻井液体系研究。

低损害钻井液作为低渗气藏保护体系,在技术上具有较高的难度。以高阻渗、低残留的新型储层保护剂 SMRP-1 为基础,构建低损害钻井液体系配方:2%膨润土浆+0.3%~0.5% KPAM+0.3%~0.5%LV-PAC+0.8%SMART+0.2%KOH+3%SMP-2+3%SPNH+2%SMLUB-E+2%~3%SMRP-1+1%~2%SCH+3%~5%KCl+0.5%~1%FS-1+0.1%~0.2%XC+0.5%石灰+重晶石(调节密度)。

不同密度下,基础配方钻井液的流变性和滤失性均较好,润滑性优良,有较强的抑制性,且钻井液流变性能和润滑性能受钻井液密度变化(升高)的影响较小,具有较好的抗钙离子污染性能,在高温(120℃)高压条件下具有优异的封堵性能,形成泥饼的酸溶性较好,对储层的渗透率影响较小。在江沙 209HF 井现场应用中,钻井液性能稳定,储层保护效果较好。

案例三:东海海域 H6-1 井三开、四开钻遇地层分别为龙井组、花港组、平湖组、宝石组,主要目的层为平湖组平三段、平四段、平五段下部,次要目的层为平湖组平二段、平五段上部和宝石组。龙井组(N_1l)井深 2200~2750m,视厚 550m,主要以砂泥岩互层为主,夹杂灰色和褐灰色泥岩,极易水化造浆;花港组(E_3h)井深 2750~3158m,视厚 408m,下部发育了大段灰色、棕色、灰褐色泥岩,易发生剥落掉块;目的层平湖组(E_2p)和宝石组(E_2b)井深 3158~4740m,以灰色粉砂岩为主,岩性致密,夹杂少量煤层。H6-1 井钻遇井段主要为砂泥岩互层夹杂煤层,钻屑容易水化分散和造浆,影响钻井液性能,井壁易水化坍塌和缩径。钻井过程中容易出现起下钻遇阻、倒划眼困难、井壁掉块或坍塌、频繁憋压憋扭矩、测井遇阻、气侵、卡钻等复杂情况。

在分析 H6-1 井地层特性的基础上，结合低自由水钻井液应用情况，根据钻井工程安全和储层保护的需要，形成了一套有利于海上井壁稳定和低孔低渗储层保护的高温反渗透钻井液体系。反渗透钻井液配方：3％海水土浆＋0.2％Na_2CO_3＋0.2％NaOH＋1％自由水络合剂 HXY＋2％SMP-2＋2％SPNH＋2％沥青树脂 LSF＋1.0％高温护胶剂 HFL-T＋3％固壁剂 HGW＋2％胶束剂 HSM＋8％键合剂 HBA＋5％KCl＋15％NaCl＋2％润滑剂 LUBE168，用重晶石将钻井液密度加重到 1.6g/cm^3。

钻井液在 H6-1 井应用过程中具有优良的抑制性、封堵性，应用井段泥页岩井壁稳定、井径规则，有效解决了东海泥页岩井壁失稳问题，配合低张力、低活度特性，减少了储层的水敏和水锁损害，更好地保护了储层。

案例四：渤中 19-6 气田是我国东部迄今发现的最大天然气田，主要含油层为太古界变质岩，是裂缝性储层，井底预测温度达 220℃。储层物性复杂，非均质性强，部分地层有超压发育。储层基质孔喉狭小，微裂缝发育，局部含水饱和度超低，毛细管自吸趋势明显。在高温下，黏土发生高温钝化、分散或聚结，处理剂易高温降解或交联，处理剂与黏土、钻屑和井壁岩石之间的高温解吸附、去水化作用也更易发生，同时高温会降低钻井液的 pH 值，破坏钻井液性能，且这种伤害是不可逆的。钻井液受高温作用时间越长，其稳定性问题越突出。

针对渤中 19-6 气田储层高温、低孔低渗、微裂缝发育等特性，通过单剂优选、配伍性实验以及实验浆在 210℃、16h 热滚前后流变性、滤失性及润滑性等性能评价，优选出综合性能较好的储层保护钻井液，其配方如下：0.7％低分子聚合物降滤失剂 SDJD-2＋1％高分子聚合物降滤失剂 SDJH-3＋3％改性树脂降滤失剂 SD101＋3％改性褐煤降滤失剂 SD201＋0.5％ SDFS-1＋3％超细碳酸钙＋HCOOK＋2％高温稳定剂 WDG-1，重晶石密度加重至 1.27g/cm^3。

此高温水基钻井完井液体系配方在 210℃环境下，其流变性能、滤失性能及润滑性能较好；岩心渗透率恢复值达 85.95％，储层保护性能较好，也可抗 10％NaCl、1％$CaCl_2$和 8％劣质土的污染，满足渤中 19-6 区块深部潜山高温气层钻井工程及储层保护技术要求。

3.8.7 实验仪器和材料

实验仪器：ZNN-D6 六速旋转黏度计、比重秤、GJSS-B12K 变频高速搅拌机、ZNS-5A 中压滤失仪、岩心流动实验仪、气体渗透率测试仪、煤岩岩样等。

实验材料：钠基膨润土、超细碳酸钙、改性淀粉、可降解聚合物（淀粉、CMC、黄原胶、瓜尔胶等）、生物酶若干种、氯化铵、5％稀盐酸等。

3.8.8 实验设计

(1)400mL 水＋8g 钠基膨润土＋2.5g CMC＋3g DFD＋4g 超细碳酸钙＋氯化铵＋生物酶 1。

(2)400mL 水＋8g 钠基膨润土＋2.5g CMC＋3g DFD＋4g 超细碳酸钙＋氯化铵＋生物酶 2。

(3)400mL 水＋2.6g CMC＋4g DFD＋4.8g 超细碳酸钙＋氯化铵＋生物酶 2。

其中 CMC 可用淀粉、黄原胶或瓜尔胶代替，加量可适当调整。

3.8.9 实验步骤

(1)生物酶作用下可降解钻井液表观黏度的时变关系:按照不加生物酶的配方配制浆液,用氯化铵将 pH 调至 7,测试浆液的密度、表观黏度和 API 中压滤失量等参数;在浆液里加入生物酶,在室温条件下静置,测试浆液表观黏度随时间的变化情况,并计算破胶率:

$$破胶率 = [(\mu_{a1} - \mu_{a2})/\mu_{a1}] \times 100\% \qquad (3.9)$$

式中,μ_{a1}为实验开始时的表观黏度(mPa·s);μ_{a2}为实验结束时的表观黏度(mPa·s)。

(2)可降解钻井液滤饼清除实验:实验目的是通过观察可降解钻井液滤饼表面在生物酶和无机酸作用下的变化情况,考察滤饼的解堵效果。在可降解钻井液降解的不同阶段(降解前、生物酶降解 2h、酸解 2h 或单独酸化),利用 ZNS-5A 中压滤失仪对滤饼进行无压滤失量实验(记录 90s 时间内的滤失量)。同时用清水在空白滤纸上进行无压失水实验(记录 90s 时间内的滤失量),通过滤失量数据的对比来说明不同解堵工艺对滤饼的解堵效果。

(3)煤岩气体渗透率测试:①在岩心钻切机上钻取煤样,测量岩心长度和直径;②在 110℃条件下将煤样烘 2h,冷却至室温,用密封袋装好,将岩心在自来水中浸泡 2h,在 20℃条件下鼓风吹 30min,测试初始气体渗透率 K_1;③将岩心在岩心流动试验仪中使用可降解钻井液进行污染(污染条件:轴压 2MPa、围压 4MPa、时间 2h),在烘箱 20℃条件下鼓风吹 30min,测试气体渗透率 K_2;④将岩心在岩心流动试验仪中使用生物酶溶液解堵(解堵条件:轴压 2MPa、围压 4MPa、时间 2h),在 20℃条件下鼓风吹 30min,测试气体渗透率 K_3;⑤将岩心在岩心流动试验仪中使用 5%的稀盐酸解堵(解堵条件:轴压 2MPa、围压 4MPa、时间 2h),在 20℃条件下鼓风吹 30min,测试气体渗透率 K_4。记录各阶段的气体渗透率测试结果,并计算煤样最终酸解后与污染前的渗透率增量(ΔK,%)、分析煤岩气体渗透率与压力(轴压、围压)之间的敏感性关系。

4 综合性工程案例

4.1 页岩气水平井钻井液

4.1.1 地层特点及钻井液难点

页岩气是以多种相态存在、主体上富集于泥页岩(部分粉砂岩)地层中的天然气的聚集。页岩气储层一般呈低孔隙度、低渗透率的物性特征,气流的阻力比常规天然气流动阻力大,采收率比常规天然气低,一般需要实施储层压裂改造才能开采出来。页岩地层具有微裂缝和层理发育,页岩气储层通常富含蒙脱石、伊利石,储层水敏性强。这些特性导致了页岩气水平井钻井时往往极易发生井壁失稳、井漏和井眼缩径等复杂工况。与此同时,井眼清洁困难、地层污染严重和高摩阻引起的起下钻困难及憋扭矩引发的钻具扭转振动破坏等问题时有发生。

井壁稳定问题究其原因主要可分为两点:①页岩地层中含有大量膨胀性黏土矿物成分;②泥页岩本身层理、微裂缝发育。维护井壁稳定可通过选择钻井液添加剂或钻井液体系来实现。

页岩气水平井的造斜段井斜变化大,井眼清洁困难;水平井段页岩的坍塌与岩屑自身重力效应,对井眼清洁产生不利影响;小井眼的环空间隙小,泵压高,因排量受限,钻井过程中易形成岩屑床,进一步增加摩阻、扭矩和井下复杂情况发生的机率。鉴于此,页岩气水平井钻井液必须具备携砂能力强、润滑性能好、封堵能力强、抑制性强等特点。

大量工程实践表明,浅层大位移井在定向造斜段斜度较高,斜井段滑动钻进,定向时容易在井壁形成小台阶,造斜点至靶点相对狗腿度较大,起下钻容易形成键槽。在水平井段时,随着水平段的增加,钻柱自重在井壁上的分量越来越大,钻柱与井壁紧贴,摩阻、扭矩剧增且钻柱与套管鞋的摩损也同时增大。扭矩的增大还会引起钻柱反转产生钻柱横向振动造成钻柱失效。这些都对页岩气水平井钻井液的润滑性能和防卡性能提出了更高的要求。

4.1.2 页岩气水平井钻井液技术要求

页岩气水平井钻井液施工技术在使用过程中,可根据具体情况选择最佳的钻井液体系,确保井壁稳定。对此,钻井液的抑制性和流变性能是对页岩气水平井钻井液进行评价时的主要指标,而且在大量的实践中发现,钻井液抑制作用越强,且本身具备低固相特点,在钻进过程中钻井液的降阻、防卡顿和提升润滑效果的作用可以得到充分的发挥。而且钻井液的清洁能力和流变性能较强,水平井的井眼可以得到良好的清洁效果。

4.1.3 钻井液体系设计方案实例

首先根据实际工程情况选择最佳的钻井液体系,如硅酸盐钻井液体系、油基钻井液体系、合成基钻井液体系等。其次根据钻井液体系的流变性能和抑制性,优选出合适的造浆黏土和增黏剂、降滤失剂、抑制剂等处理剂的类型和加量。测试优选后的钻井液体系在不同密度下的性能变化，并对比浆液老化前后钻井液体系流变参数的变化和钻井液体系在不同侵污条件下钻井液性能的变化。

实例一：根据资料，涪陵焦石坝区页岩气水平井在钻进过程中，因页岩地层的裂隙和层理发育，使用水基钻井液钻井会造成井壁失稳，因此在水平井段选用油基钻井液，钻井液配方：柴油＋3.5％HIEMUL（主乳化剂）＋1.5％HICOAT（辅乳化剂）＋2.0％CaO＋1.5％MO-GEL（有机土）＋2.0％HIFLO（抗高温降滤失剂＋重晶石粉）。

实例二：页岩失稳坍塌是目前困扰中国页岩气水平井大规模钻探的关键因素之一。合成基钻井液因其强抑制性强，在国外被广泛应用于页岩气水平井钻井。富顺区块页岩气井钻井液借鉴国外的相关经验，选用气制油 Saraline 作为基础油，通过室内实验得到了合成基钻井液的基本配方，再采用醋酸钾替代氯化钙作为水相抑制剂，既增强了体系的抑制性又简化了配制工艺。钻井液配方：气制油 Saraline185＋3.0％乳化剂＋1.0％有机土＋水＋1.6％醋酸钾＋1.6％$Ca(OH)_2$＋2.0％降滤失剂＋0.7％提切剂＋2.0％润湿剂＋重晶石。

钻井液密度加重至 2.40g/cm^3 时流变性能良好，破乳电压较高；在 130℃条件下热滚老化实验，测量其性能并与热滚老化前的性能对比，流变性及破乳电压变化都不大。在四川盆地对外合作的富顺区块成功进行了 3 口页岩气水平井的应用试验，在长达 2000m 的大斜度及水平井段中，返出的页岩岩屑棱角分明，粉碎后的岩屑内部干燥，起下钻井眼顺畅，斜井段平均机械钻速 5.33m/h，复合钻进平均机械钻速 8.8m/h。完井作业的电测、下套管、固井顺利，表明该钻井液完全满足富顺区块页岩气钻井的需要。

实例三：长宁地区页岩膨胀性好、层理发育、胶结性差，易引起井壁失稳问题。长宁地区岩石的矿物组分以石英、长石等脆性矿物为主，含量主要分布在 36.85％～49.42％之间，压实程度高，结构紧密，微裂缝发育。脆性矿物含量高和微裂缝发育是引起井壁失稳问题的原因所在。

从抑制页岩黏土矿物水化和封堵微裂缝两个角度出发，将上述两种关键处理剂与其他处理剂进行合理复配，形成了一套防塌钻井液体系：2％～3％钠膨润土＋0.1％～0.2％KPAM＋1.5％～2％PAV-LV＋5％～8％润滑剂＋3％乳化沥青＋3％～5％KCl＋2％～5％SMP-I。

优选出的这套防塌钻井液体系，可有效抑制黏土表面水化，滚动回收率高达 97％，并可对该地区微裂缝进行有效封堵，防止钻井液固相颗粒和滤液侵入地层，降低钻井液动滤失量，体系抗温能力可达 120℃并且具备优良的封堵性、抑制性和润滑性，经现场试验表明该体系及性能对长宁地区龙马溪页岩地层具有较强的适应性。

4.2 干热岩开发钻井液

4.2.1 地层特点及钻井液难点

干热岩（HDR）是一种内部不存在流体或仅有少量地下流体的热岩体，主要是各种变质岩或结晶岩类，埋藏于距地表 2～6km 的深处，其温度在 150～350℃之间，较常见的岩石有黑云母片麻岩、花岗岩、花岗闪长岩等。目前主要是用来提取岩体内部的热量，其主要工业指标是岩体内部的温度，是未来一种可再生的清洁新能源。它具有稳定(不受季节和昼夜变化的影响)、高效(干热岩发电利用率超过73%，是光伏发电的5.2倍、风力发电的3.5倍)、安全、运行成本低和绿色无污染等特点。

由于干热岩钻进岩层温度高，一般在150～350℃之间，钻进深度大，一般在2000m以上，所以在井底形成高温高压的状况，因此钻井液的主要技术难点是钻井液高温高压稳定性问题。在高温条件下，钻井液中的黏土颗粒分散度增强，温度越高，分散性越强，从而引起钻井液增稠，流动性变差，高温高压滤失量增加。高温一方面会使有机处理剂分子链发生断裂，降低高分子处理剂的相对分子质量，使其失去原有的特性，同时降低处理剂的亲水性，减弱其抗污染能力，可能会导致钻井液性能恶化。另一方面高温会使处理剂分子中不饱和键和活性基团之间发生各种反应，发生高温交联，使得整个钻井液体系变成凝胶，失去流动性。总结为钻井液各种组分均会发生降解、增稠、胶凝、固化等变化，导致钻井液的流变性、滤失量、润滑性难以控制。

针对于此，干热岩地层的钻井液配方主要从钻井液体系的抗高温性能作为主要的评价标准，并能根据实际钻探深度和地层压力梯度的变化，计算出钻井液的密度理论值。实验主要通过重晶石等加重剂调节钻井液体系的密度，通过抗高温材料、添加剂提高钻井液体系的热稳定性能。然后利用六速旋转黏度计、中压滤失仪、比重秤、热滚炉、高温高压滤失仪、高温高压流变仪等仪器设备评价优选钻井液体系配方。

4.2.2 钻井液体系设计方案实例

首先根据目标地层钻井液体系的黏度和中压滤失量进行前期优选，选用合适的造浆黏土矿物、抗高温聚合物、增黏剂、降滤失剂等进行常温常压实验，比对实验结果并进行优选；其次将优选后的钻井液体系配方在高温热滚炉进行16h不同温度梯度的老化后，再利用六速旋转黏度计、比重秤、中压滤失仪等评价体系的性能指标变化情况；最后可将体系配方放入高温高压滤失仪、高温高压流变仪进行模拟地底温度、压力条件实验，评价钻井液体系配方的具体性能指标。

实例一：山西晋中榆次某地热井高温钻井液配方。该地热井井底温度达到180℃，且在2800～3100m时井孔坍塌掉块较严重。

该井应用的抗温钻井液配方：3%～4%钠基膨润土＋2%改性沥青GLA＋1%～2%封堵剂GFD-1＋1%～2%降失水剂GPNH＋1%～2%随钻防塌堵漏剂＋0.1%～0.5%增黏剂＋0.1%～0.2%包被剂＋重晶石。

实验性能：温度180℃，马氏漏斗黏度100～120s，密度1.30～1.35g/cm^3，API失水量4～5mL(30min)，泥皮厚1～2mm。

实例二：海南福山某干热岩井钻井液配方。该井设计井深4 510.53m(垂深4 408.00m)，目的层为长流组，为三开次定向井，造斜点井深3 100.00m。根据邻井实测井温预测该井井底温度为171.2～192.4℃。

主要采用抗高温聚合物钻井液，但为了确保井下安全，实钻时在三开采用了抗高温钾盐聚合物钻井液，配方：4.0%～6.0%钙基膨润土＋0.2%～0.4% Na_2CO_3＋0.1%～0.2%

NaOH＋0.3%～0.6%KPAM＋0.8%～1.0%NH_4HPAN＋1.0%～2.0%KHm＋1.0%～2.0%SAS＋0.1%～0.3%BZ-HXC＋2.0%～3.0%液体润滑剂＋2.0%～3.0%SMP＋1.0%～2.0%GWJ＋1.0%～2.0%石墨＋2.0%～3.0%GXJ＋2.0%～3.0%高温降黏剂＋2.0%～3.0%超细碳酸钙＋1.0%～2.0%无渗透剂＋0.5%～1.0%单向封堵剂＋加重剂。

主要性能：密度1.20～1.50g/cm^3，马氏漏斗黏度40～75s，API滤失量小于4mL(30min)，pH值为8～10，初切3.0～6.0Pa，终切4.0～10.0Pa，高温高压滤失量小于10mL。

实例三：河南省兰考地区地热井。钻井液配方：水＋4%～5%钠基膨润土＋0.4%～0.6%增稠剂(高黏羧甲基纤维素钠盐HV-CMC)＋0.5%～0.8%聚丙烯酰胺(PAM)＋0.4%～0.5%水解聚丙烯腈铵盐(NH_4-HPAN)＋1%～2%润滑剂(无荧光防塌润滑剂FT-342)＋0.3%～0.5%降滤失剂(乙烯基单体多元共聚物PAC-141)＋0.1%～0.2%火碱(NaOH)＋0.2%～0.4%纯碱。

钻井液性能参数：密度为1.10g/cm^3，苏氏黏度为20～25s，滤失量为7mL(30min)，含砂量小于1%，摩阻系数为0.1，pH为8～9。

实例四：新城地热井钻井液。该井完钻井深2100m，1690～2000m井段为稳定的地热资源储层，钻遇地层依次为平原组、明化镇组、馆陶组和东营组。该井施工存在以下技术难点：①明化镇组与馆陶组主要为泥岩、砂岩及粉砂岩，其中泥岩地层黏土含量高，容易膨胀缩径和分散造浆，发生井壁垮塌、卡钻等井下复杂情况；②为保护产水层，要求采用屏蔽暂堵钻井液改造技术以及近平衡钻进工艺；③井底温度约为100℃，要求钻井液具备较好的抗温能力。

针对该井设计的钻井液配方：水＋4%钠基膨润土＋1%成膜抑制剂＋1%～2%改性沥青＋1.5%～2.5%降滤失剂＋0.3%～0.4%包被剂。配方性能参数如表4.1所示。

表4.1 钻井液性能参数

测试性能	老化前	老化后
密度(g/cm^3)	1.04	1.04
马氏漏斗黏度(s)	62	53
塑性黏度(mPa·s)	14.5	14
动塑比(Pa/mPa·s)	0.21	0.18
API滤失量(mL)	4.6	4.9
高温高压滤失量(mL)		13.8
相对膨胀降低率(%)	83.4	84.2

4.3 水合物钻井液

4.3.1 地层特点及钻井液难点

天然气水合物是疏水性气体分子(通常是甲烷和二氧化碳)，在低温、高压条件下与水(宿主分子)接触时形成的类冰状结晶矿物质。作为世界第二大的碳储集场所，全球探明的天然气水合物包含的碳总量约为 2×10^{16}kg，是全球已经探明的常规化石燃料碳资源总量的两倍。全球天然气水合物所蕴藏的原位甲烷气量为$(1\sim5)\times10^{15}m^3$，$1m^3$的天然气水合物可以释放$164m^3$的天然气和$0.8m^3$的水。自然界中的天然气水合物主要特点是资源量巨大、分布范围广、埋藏浅、能量密度高，其商业化的开发能够有效弥补常规能源的不足。与煤、石油等常规能源相比，天然气水合物能量密度是天然气的2～5倍，是煤和黑色页岩的10倍，燃烧后释放相同的热量产生的二氧化碳、氮氧化物、硫化物等燃烧产物是煤的一半，是石油的三分之二，可以降低二氧化碳产生的温室效应，具有非常好的开发潜力和发展前景。

天然气水合物作为一种极具潜力的非常规清洁能源得到了越来越多的重视。世界上许多国家进行勘探调查，在全球116个地区发现了天然气水合物的实物样品和存在标志。全球化的勘探开发正在火热进行。迄今为止，全球共发现9个水合物产地，主要是俄罗斯、美国、加拿大等国家的环北冰洋冻土地区。主要分布在两类地区：一类是海底0～1500m的海洋松散沉积层地区；另一类是高纬度的大陆区、永冻土带以及100～250m以下的极地陆海架。

由于天然气水合物所处地层呈现高压低温的特性，其所用钻井液应满足以下要求：①维持合理的钻井液密度；②保持良好的井壁化学稳定性；③良好的低温流变特性；④较好的携带岩屑能力；⑤可调的井控能力；⑥满足环保方面的要求。

4.3.2 钻井液体系设计方案实例

实例一：高盐/聚合物钻井液体系。高盐/聚合物钻井液体系是一套应用了几十年的体系，其常用处理剂有NaCl、KCl、PHP(部分水解聚丙烯酰胺)、聚合醇、乙二醇等，该体系有如下优点：①生物毒性低；②生物降解较快；③有效抑制气体水合物的生成。但是，由于该体系中含有高浓度的盐类，因而无法获得低于$1.20g/cm^3$的密度。同时，在使用该体系时，为了确保井眼清洁，并维护钻井液性能，必须经常进行短程起下钻，这在很大程度上减慢钻速，增加钻井时间，从而加大了钻井成本。该体系在pH值为中性时抑制岩屑效果最好，盐度可以达到饱和，在高盐环境下使用效果更好，因而适用于活性页岩地层。

实例二：胺基聚合物钻井液体系。该体系是近年来为适应更加严格的环保要求而开发的，主要由页岩抑制剂、包被剂、防聚结剂和降滤失剂等组成。页岩抑制剂是一种胺基多官能分子，完全溶于水并且低毒。页岩抑制剂独特的分子结构使其分子能很好地镶嵌在黏土层间，使黏土层紧密结合在一起，从而降低黏土吸收水分的趋势。包被剂为部分水解聚丙烯酰胺(PHP)，主要用来降低黏土分散的程度，并通过对页岩颗粒的包被作用抑制页岩水化。防聚结剂是由表面活性剂和润滑剂组成的特殊混合物，该处理剂能覆盖在钻屑和金属表面，从而降低黏土水化和在金属表面黏结的趋势，防止水化颗粒聚沉，阻止钻头泥包，还可通过降低摩阻系数来增强钻井液润滑性，降低钻柱的摩阻和扭矩。该钻井液体系具有许多优良性能，如抑制性强、提高机械钻速、减少钻头泥包、减少扭矩和摩阻、减少储层伤害，同时还具有保护环境和配浆成本较低的特点。胺基聚合物钻井液体系已在墨西哥湾和中国南海的深水区进行了应用，取得了较好的效果。墨西哥湾Lloyd Ridge油田中一口井使用该体系的配方组成为水+20%NaCl+7.1%降滤失剂+5.7%XC+40%页岩抑制剂+8.5%包被剂+30%防聚结剂，其性能如表4.2所示。

表 4.2　墨西哥湾 Lloyd Ridge 油田钻井液体系性能

阶段	密度 (g/cm^3)	温度 (℃)	塑性黏度 (mPa·s)	动切力 (Pa)	滤失量 (mL)
初始	1.13	49	17	22	3.8
最终	1.14	49	22	28	2.6

实例三：油基钻井液体系。油基钻井液一般是低毒矿物油钻井液，其优点包括如下几点：①具有较强的水合物抑制性；②高温高压滤失量低，造壁性强，形成的井壁滤饼具有较好的韧性和润滑性；③携屑和悬浮能力强，井眼清洁情况良好。使用油基钻井液时，为防止污染海洋环境，不允许油基钻井液及钻屑直接排海。在完钻后，隔水管内的油基钻井液须回收运回陆地处理，井筒内的油基钻井液应替出或通过弃井水泥塞封存井下。钻屑要经过处理，使其中的含油量达到国家排放标准后再进行排海。目前在西非和中国南海地区的钻井作业中已成功应用。表 4.3 所示为某深水井使用的油基钻井液性能。

表 4.3　某深水井油基钻井液性能

井眼尺寸 (mm)	密度 (g/cm^3)	塑性黏度 (mPa·s)	动切力 (Pa)	高温高压滤失量 (mL)	破乳电压 (V)
444.5	1.14	15～18	9～11	3	>400
311.2	1.18	18～21	10～12	<4	>300

实例四：合成基钻井液体系。合成基钻井液在世界深水钻井作业中已大量应用，其种类很多，第 1 代以酯、醚、聚烯烃基钻井液为代表，第 2 代以线型烯烃、内烯烃和线型石蜡基钻井液为代表。该钻井液体系具有合适的流变性，能够满足温差的巨大变化，在深水钻井时表现出良好的性能。它的优点包括如下几点：①钻速快；②抑制性好；③优异的钻屑悬浮能力和低的循环压耗；④好的润滑性和触变性能；⑤井壁稳定；⑥有利于油层保护；⑦无毒，可生物降解等。墨西哥湾一口作业水深 3051m 的深水井段的合成基钻井液配方和性能分别如表 4.4、4.5所示。

表 4.4　合成基钻井液配方

合成基液	有机土 (kg/cm^3)	$CaCl_2$ (%，重量比)	乳化剂 (L/m^3)	桥堵剂 A (kg/m^3)	桥堵剂 B (kg/m^3)	桥堵剂 C (kg/m^3)
数值	9.4～11	21～26	43～47	0～28.4	2.8～8.5	0～14.2

表 4.5　合成基钻井液配方性能

密度 (g/cm^3)	塑性黏度 (mPa·s)	动切力 (Pa)	高温高压滤失量 (mL)	油水比 (%)
1.12～1.22	36～50	8～13	3.2～4	67∶33/74∶26

4.4 煤层气开发钻井液

4.4.1 地层特点及钻井液难点

煤岩割理发育，胶结差，强度低，井壁易失稳。煤层地质基础差，易受损害，具有低孔、低渗、低压力的特点，发育方解石、菱铁矿、斜长石、黄铁矿等敏感矿物，此外还发育高岭石、绿泥石等黏土矿物。常规钻井液侵入地层，引起煤层流体敏感和固相侵入损害，妨碍煤层甲烷解吸；煤岩多与泥页岩互层，水化后的泥页岩强度降低。泥页岩夹层的失稳导致煤层失去稳定坚固的支撑而失稳。此外，泥岩水化产生的膨胀压必然对相邻煤层产生推挤作用，从而增大井壁煤岩的应力，使本就破碎的煤岩剥落掉块甚至垮塌。

钻井液密度对井壁稳定性有较大影响，若钻井液密度过低，因煤岩抗拉强度和弹性模量小，会引起构造应力释放，使煤层沿节理和裂缝崩裂和坍塌。若钻井液密度过高，水在压差作用下楔入底层，将裂缝撑开使煤层坍塌。

煤岩强度低，受钻井液及其滤液浸泡后强度会进一步下降，因此需要根据煤岩的物理力学参数、煤层压力、煤层地应力等参数分析计算后确定合理的钻井液密度；钻井液具有强封堵能力以及优良的造壁性，阻止钻井液滤液进入地层；合理的钻井液流变参数，既满足携砂要求又能够减少对井壁稳定的不利影响；良好的抑制性、润滑性，能减少钻具与泥饼之间的摩擦力，降低起下钻阻卡的风险。

4.4.2 钻井液体系设计方案实例

实例一：微泡沫钻井液具有密度低、携岩能力强的特点，能够满足储层欠平衡钻井的要求，并且泡沫钻井液的微泡粒径分布广泛，能够有效封堵煤层中不同尺寸的微小裂隙，减少钻井液对储层的伤害。在现场配制的过程中，微泡沫钻井液无需专门的泡沫发生器，只需通过搅拌就可以满足发泡要求，泡沫稳定，能够循环利用，节约钻井设备费用，大大降低钻井成本。

微泡沫钻井液体系配方：水＋0.1％ULT-1（阴离子双子型起泡剂）＋0.2％十二烷基二甲基甜菜碱＋0.3％生物聚合物 XC＋0.2％瓜尔胶＋1％褐煤树脂＋1％钾盐＋0.2％聚丙烯酸钾，其基本性能如表 4.6 所示。该配方具有良好的抑制能力，煤岩样品在钻井液中的线性膨胀率小于 3％，滚动回收率大于 92％。且煤岩岩心气测渗透率恢复率达到 90％以上，具有良好的储层保护效果，能够满足低压低渗煤层的钻井要求。

表 4.6 微泡沫钻井液基本性能

性能	η_a (mPa·s)	η_p (mPa·s)	τ_o (Pa)	τ_o/η_p	Gel (Pa/Pa)	API FL (mL)	半衰期 (h)	密度 (g/cm³)
数值	23	13	10	0.77	6/9	6.9	82	0.91

实例二：根据煤岩失稳机理及其影响因素的研究，某三口井应用了钾铵聚合物防塌钻井液体系，在取心作业中没有发生过坍塌、卡钻等事故，其中一口井长达 233m 的煤系地层连续取心作业顺利完成。基本配方：水＋4.5％钠基膨润土＋0.05％PHP/FA367＋0.5％KHPAN＋

1%NH_4HPAN+1%KHm+2%HL-II+1.5%FRH。

在该配方中，PHP/FA367、KHPAN 及 NH_4HPAN 共同作用，使该体系具有良好的流变性和一定的抑制性，KHm 和 HL-II 主要起改善体系的润滑性并具有一定防塌作用。钻井液主要性能如表 4.7 所示。

表 4.7 钻井液常规性能

性能	密度 (g/cm^3)	η_a (mPa·s)	η_p (mPa·s)	τ_0 (Pa)	API		HTHP (80℃/3.5MPa)		K_f
					FL (mL)	h_{mc} (mm)	FL (mL)	h_{mc} (mm)	
数值	1.15	25	16	9	1.5	0.5	8.0	1.5	0.085

实例三：沁水盆地南部某三口煤层气"U"形水平井自上而下钻遇第四系、石千峰组、上石盒子组、下石盒子组、山西组、太原组、本溪组、峰峰组。其中，山西组为目的层，上部岩性主要为泥质砂岩、粉砂岩、砂质泥岩、泥岩，泥岩中含大量黏土矿物，易吸水水化膨胀，引起缩颈现象，对于含砂岩、粉砂岩较多的层位，吸水易引起坍塌掉块。针对该水平井现场施工难点，水平井采用绒囊钻井液进行水平段钻进。基本配方：水+0.05%NaOH+1.5%囊层剂+0.4%绒毛剂+0.05%成核剂+0.05%成膜剂+2%氯化钾。该体系中的高分子聚合物可能吸附在钻具和岩石的表面，增强了钻井液的润滑性，有效降低摩阻，从而降低钻具活动引起的煤岩破碎程度；并且该钻井液具有良好的堵漏性能，可控制漏失速度在 $2m^3/h$ 以下，或许是由于绒囊钻井液自身的囊泡结构，在遇到不同裂缝时，绒囊或黏附、或拉伸变形、堆积封堵裂隙，可封堵不同程度大小的缝、孔、洞，降低钻井液漏失可能。

钻井过程中，加入成核剂以维系体系中囊泡数量，成膜剂用于稳定囊泡的内部结构，将密度控制在 0.96～1.06g/cm^3，能有效降低液柱压力，防止井漏；控制马氏漏斗黏度在 30～50s 之间，保证绒囊体系具有较好的流动性，动塑比保证在 0.4～0.9Pa/(mPa·s)之间，利于提高携岩效率，及时去除有害固相；加入一定量的氯化钾，既能抑制黏土膨胀，保证井壁稳定性，又可及时去除钻井过程中的后效气，减少钻井事故发生的可能。

实例四：山西省寿阳七元煤矿某"U"形水平井三开为 6 in(15.24cm)井眼，水平段长度在 800～900m 之间，为太原组 15 号煤层，使用可降解聚合物钻井液钻进，配方：水+0.1%纯碱+0.5%可降解聚合物 DPA+1%水基润滑剂 WLA，其中纯碱能够有效去除钙镁等高价金属离子，可降解聚合物 DPA 起到增黏和成膜作用，水基润滑剂 WLA 用于提高钻井液的润滑性，其基本性能如表 4.8 所示。

表 4.8 可降解聚合物钻井液基本性能

性能	密度(g/cm^3)	η_a(mPa·s)	马氏漏斗黏度(s)	τ_0(Pa)	润滑系数 K_f	pH
数值	1.02	15	40	4	0.08	8.5

4.5 科学钻探钻井液

大陆科学钻探是当今地学界举世公认的深化地球科学研究，探索深部地质理论，解决能源、矿产、环境、地震灾害等重大问题的必由之路。而科学钻探是由钻探技术、取心取样技术、测井技术、试验测试技术等多技术要素构成的系统工程，我国要开展地壳探测工程，必须要攻克超深井钻探技术，探索开发一套适用于高温、高压、高应力地层的科学钻探超深井钻探技术。作为钻探工作的血液，钻井液具有平衡地层孔隙压力、携带钻屑、保护井壁、提供井底动力等功用，在确保安全、优质、快速钻井中起着至关重要的作用，解决科学钻探面临的技术关键方法之一，即是用高温高压钻井液保持钻孔稳定。根据地层尽可能选择与之相对应的钻井液体系，根据钻进工艺控制相对应的钻井液各项参数，是钻井液设计的基本原则，本节主要从松科 2 井二开(440～2840m)阶段展开说明。

4.5.1 地层特点

松科 2 井是布置在松辽盆地东南断陷区徐家围子断陷带宋站鼻状构造上的一口科学钻探直井，设计井深 6400m。二开前主要钻遇第四系、明水组、四方台组、嫩江组、姚家组、青山口组、泉头组、登娄库组等地层，其中第四系为疏松腐殖土及流沙层，易塌易漏；嫩江组二段及姚家组地层黏土矿物含量高，水化分散性强，造浆严重；下部青山口组页岩发育，易水化劈裂解理，剥落掉块；登娄库组以下地层倾角在 20°～60°，为易斜井段。

4.5.2 钻井液难点

(1)地层不稳定，泥岩和砂岩互层频繁。四方台组、嫩江组上部及泉四段泥岩黏土矿物含量高，极易分散造浆；嫩江组下部、姚家组、青山口组及登娄库组泥岩性脆，伊蒙混层占 50%左右，易剥落掉块；各层段夹砂岩和泥质粉砂岩等弱胶结地层易发生强渗透而形成虚厚泥皮，压差卡钻风险较大。

(2)井身结构复杂。二开上部为 ϕ508mm 套管，中部为 ϕ311.2mm 井眼，下部为 ϕ215.9mm井眼，不同井段井眼尺寸相差悬殊，确保岩屑顺利返排至关重要。

(3)大口径取心难度大，裸眼取心时间长。ϕ311.2mm 和 ϕ215.9mm 大口径取心工艺复杂，相对应钻井液性能参数控制缺乏参考，长时间、长井段不稳定地层钻进增加了取心风险。

(4)扩孔危险性较高。泥岩地层经钻井液长时间浸泡而导致强度下降，大井眼二次扩孔发生卡钻与坍塌的风险较大；扩孔作业导致前期初次成孔所形成的泥皮进一步严重分散，钻井液性能尤其是流变性难以控制。为满足详细获取地层资料的测井需要，一开以 ϕ444.5mm 钻头开孔，以 ϕ660.4mm 钻头扩孔；二开以 ϕ311.2mm＋ϕ215.9mm 钻至 2 826.08m 后，再以 ϕ444.5mm 钻头扩孔。初次成孔过程中形成的泥皮在扩孔阶段分散严重，导致钻井液黏度和切力上升得很快。

(5)取心钻进和全面钻进的钻具组合更换频繁，刮擦井壁易产生大量掉块，卡钻风险增大，为严格控制井斜采取的各种防斜和纠斜措施对井壁稳定影响较大。

4.5.3 钻井液参数选择

4.5.3.1 密度

从流体力学角度出发，钻井液对深井井壁主要起平衡地层压力和地应力作用。钻井过程可看作是钻柱和液柱组合协同作用打破深部地层原有应力平衡，液柱压力作用于井壁平衡围岩压力，地应力和地层压力重新分布并达到平衡状态，围岩未出现破裂破坏，井壁保持稳定。钻进中液柱压力大小的影响因素主要是钻井液密度。钻井液密度太小，则液柱压力过低难以平衡井壁围岩应力和地层压力，若井壁承受的力大于岩石本身强度，则井壁围岩会出现剪切性破坏，发生坍塌、掉块并引发卡钻事故；钻井液密度太高，则液柱压力过大，井壁承受的井内周向应力大于岩石抗拉强度，井壁围岩将产生拉伸破裂破坏。对于高压地层，加大钻井液密度，使之与地层压力相抵，抑制井眼缩径和井涌；反之对于低压地层，则配制低密度钻井液，减轻对地层的压力，防止井壁破裂和钻井液漏失。这就是钻井液压力平衡稳定井眼的原理。

4.5.3.2 黏度

钻井液的黏度主要包括漏斗黏度、表观黏度以及塑性黏度。黏度主要体现钻井液流动的难易程度。对于松散破碎地层，钻井液的黏性可以有效地粘结井壁散粒和散块，从而预防井壁的散落和坍塌。虽然钻井液作为一种流体，达不到固化凝结井壁散体的程度，但其可观的黏性对散粒体之间的黏附联接却能起到明显的稳定井壁的作用。同时钻井液的黏度也可以用于悬排钻渣，在井内流动的钻井液可以将钻屑有效地冲离井底并悬携至地面。这样才能保持井底洁净，钻头才能够不断地接触刻磨底部新露岩石，实现连续进尺；同时也避免了钻屑在井眼中的聚塞和卡钻。

4.5.3.3 切力

钻井液的切力主要包括动切力和静切力(初切和终切)。动切力反映了钻井液在层流流动时黏土颗粒之间及高分子聚合物分子之间相互作用力的大小，即形成空间网架结构能力的强弱。静切力表示钻井液在静止状态下形成的空间网架结构的强弱。对于松散地层以及滤失地层，动切力和静切力大的钻井液，可以有效地在井壁上形成泥皮，防止钻井液的流失。

4.5.3.4 滤失量

在井中液体压力差下，钻井液中的自由水通过井壁空隙或裂隙向地层中渗透，成为滤失。对于裂缝性地层、硬脆性地层、活性泥页岩地层等，滤失量过大会引起地层黏土矿物水化膨胀，剥落掉块等井壁不稳定现象；如果是油气层，滤液侵入会引起储层黏土矿物膨胀，减小油气流动通道，降低油气层渗透率。钻井液固相的侵入会堵塞储层孔隙，降低储层渗透率，总之都会造成油气层损害，降低油气层产能，造成能源的巨大浪费。

4.5.4 钻井液体系方案

松科2井二开阶段的钻井液共分为两种。

(1)二开上部(保证钻进取心),配方:水+4%膨润土+0.24%纯碱+0.1%烧碱+0.1%聚合物包被剂+0.5%聚合物降滤失剂A+0.4%聚合物降滤失剂B+0.5%纤维素类降滤失剂+重晶石。

(2)二开下部,配方:水+4%膨润土+0.24%纯碱+0.1%烧碱+0.15%聚合物包被剂+0.6%聚合物降滤失剂A+0.6%纤维素类降滤失剂+2%磺化降滤失剂C+2%磺化沥青+2%防塌降滤失剂D+2%惰性封堵剂+2%润滑剂+重晶石。

4.5.5 其他实例分析

松科1井工程是一口环境科学钻井工程,主要是针对松辽盆地进行综合性石油地质研究而部署的,其位于大庆松辽盆地中央坳陷区的古龙凹陷他拉哈构造上,该项目是国家重点基础研究发展计划(973计划)“白垩纪地球表层系统重大地质事件与温室气候变化”项目的重要组成部分。钻遇地层为典型的复杂地层,地层主要为松散砂岩、松脆泥岩和强造浆泥岩等复杂地层。钻孔设计深度为1760m,要求全孔段取心,并且取心率要求较高,裸眼钻进时间较长,因此增加了钻探的难度,对钻探工艺提出了更高的要求。如何保持孔壁的稳定性是该井成功的重要因素,这就要求掌握该地层孔壁缩径的规律,针对该类地层研发具有多功能的防塌水基钻井液配方体系,该体系应具有降失水防塌性强、抑制护壁性强、抗温性好、伤害小且性价比高等作用,真正满足松科1井科学钻探工程的施工需求。

代表性钻井液配方如下:

(1)6%基浆+2.0%DFD+2%LG+0.5%Na-CMC。

(2)6%基浆+2.0%DFD+2%LG+0.5%Na-CMC+2%磺化沥青。

(3)6%基浆+1.0%DFD+2%LG+0.5%Na-CMC+1.0%SMP+0.25%FIA-368。

(4)6%基浆+2.0%DFD+2%LG+0.5%Na-CMC+1.0%SMP。

1号和2号配方配制的钻井液具有较高的动塑比、较好的流动性和较强的携砂能力,在正常钻进时可采用;3号配方可在较松散水敏性地层采用,由于FIA-368具有包被作用,能够抑制黏土分散,并且具有较高的塑性黏度和较好的携砂效果;4号配方可钻进油气层,具有较低的失水量和较好的流动性,能够较好的保护储层。

4.6 非常规油气田钻井液

4.6.1 地层特点

非常规油气包括准连续型和连续型(表4.9),平面上呈大面积准连续型或连续型分布。准连续型油气聚集包括碳酸盐岩缝洞油气、火山岩缝洞油气、变质岩裂缝油气、重油、沥青砂等;连续型油气聚集是非常规油气主要的聚集模式,包括致密砂岩油和气、致密碳酸盐岩油和气、页岩油和气、煤层气、浅层生物气、油页岩、天然气水合物等(表4.9)。

表 4.9　油气资源类型划分

资源类型	分布特征	聚集类型	实例
非常规油气聚集	准连续型	碳酸盐岩缝洞油气	塔里木盆地台盆区
		火山岩、变质岩缝洞油气	新疆火山岩、渤海湾大民屯元古界
		重油	渤海湾盆地
		沥青砂	准噶尔盆地西北缘
	连续型	致密砂岩油和气	鄂尔多斯盆地、四川盆地
		致密碳酸盐岩油和气	四川盆地
		页岩油和气	四川盆地
		煤层气	沁水盆地
		油页岩	松辽盆地
		水合物	南海北部斜坡区

非常规大油气田储集层一般是纳米级孔喉网络系统。在利用高分辨率发射扫描电子显微镜、纳米 CT 等仪器测定中国页岩油、页岩气、致密油、致密气储集层时发现，其中广泛发育有直径小于 1000nm 的纳米级孔喉，并首次在其中观察到有石油的赋存。其中页岩气储集层的孔喉直径为 5～200nm，页岩油储集层的孔喉直径为 30～400nm，致密灰岩油储集层的孔喉直径为 40～500nm，致密砂岩油储集层的孔喉直径为 50～900nm。

4.6.2　钻井液难点

非常规油气藏开发中存在强水敏性、地层裂缝发育、漏失压力低等问题，水平井在长段泥岩中钻进时存在井壁稳定性差、摩阻大（定向摩阻大导致托压）、携岩差以及储层污染等问题。

油页岩、致密含油砂岩由于其硬脆性与片理结构，在钻井过程中易发生坍塌掉块、裂缝井漏等复杂情况。

钻开油气层的优质钻井液不仅要在组成和性能上满足地质和钻井工程的要求，而且必须满足保护油气层技术的基本要求。这些基本要求可归纳为以下几个方面：①必须与油气层岩石相配伍；②必须与油气层流体相配伍；③尽量降低固相含量；④密度可调，以满足不同压力油气层近平衡压力钻井的需要。

4.6.3　钻井液参数选择

钻井液参数有固相含量、滤失量、膨胀量、滚动回收率、表面张力、接触角，需要满足固相含量≤10%，水敏指数≤0.33，滤失量≤10mL，滚动回收率≥85%，表面张力与润湿性适合于储层岩石的条件。

非常规油气田钻井液的设计涉及 8 种代表性复杂地层（松散、水敏、溶蚀、高压、漏失、坚硬、温度异常、伤害储层）的某几个方面的内容，设计钻井液时应根据不同的地层对钻井液配方进行调整。

4.6.4 钻井液体系设计方案实例

实例一:延长油田致密油水平井高性能水基钻井液。鄂尔多斯盆地三叠系致密油藏以延长组7段顶部油页岩、致密含油砂岩和延长组6段中部油层组致密含油砂岩最为典型。该区致密油藏呈现东浅西深伊陕斜坡构造,具有分布范围较广,储层物性差且非均质性强、东西部差异大,孔喉结构复杂,低孔、低渗、低丰度,油藏压力系数低等特征,但其储层原始含油饱和度高,烃源岩条件优越,原油性质好,拥有较好的开发潜质。

1)基本情况

以延长油田中生界延长组致密油藏延长组7段为例,地层厚度80～100m,地层深度1400～2600m,储层岩性主要为褐色油页岩、灰黑色泥岩、深灰色砂质泥岩夹灰色泥质砂岩、浅灰色细砂岩等。

2)延长油田致密油水平井钻井液配方

水+4%钠膨润土+0.2%纯碱+0.4%K-PAM+2%COP-FL聚合物降滤失剂+1.5%无荧光防塌润滑剂FT-342+10%液体极压润滑剂JM-1+5%WJH-1+3%RL-2。

钻井液性能:密度1.22g/cm^3;API中压滤失量6mL;表观黏度27.5mPa·s;塑性黏度22mPa·s。

其他致密油区可在此配方基础上,适当调整部分处理剂加量,还可利用石灰石(120～150目)加重,且性能保持稳定,满足延长油田所有致密油区钻井需要。

3)现场应用

将优化后的强封堵型钻井液体系在延长油田致密油区杏平36井(东部浅层油区)进行了应用。杏平36井位于鄂尔多斯盆地郝家坪南区鼻隆构造内,是典型的致密油区块水平井,邻井钻进过程中存在较为严重的漏失、托压和掉块等现象。该井设计井深2 745.75m,造斜段和水平段(1350～2745m)应用该钻井液体系。施工过程中,该体系防漏失、封堵效果较好,井壁始终保持稳定,机械钻速相比邻井提高37.5%。

实例二:顺北油气田鹰1井超深井段钻井液。顺北油气田位于新疆阿克苏地区和巴州交界处,属于断溶体油气藏,埋深超过7 300.00m,最深达8 600.00m,是目前世界上油藏埋深最深的油气田之一,具有超深、超高压、超高温的特点。鹰1井是该油气田的一口重点风险预探井,目的是探索顺托果勒低隆北缘构造北三维区北西向、北东向断裂交会处的储层发育特征、横向展布规律及含油气性,设计井深9 016.85m,垂深8 603.00m。

1)基本情况

6 479.50～6 816.00m井段的志留系柯坪塔格组和6 816.00～7 561.50m井段的奥陶系桑塔木组等地层发育大段泥岩,水敏性强,井眼易失稳;5 697.50～6 816.00m井段的志留系地层裂缝发育,压力敏感性强,漏失风险大;8 285.00～8 500.00m井段的奥陶系地层破碎程度高、地层应力集中、胶结差,易坍塌掉块,引起卡钻等井下故障。

2)钻井液配方

SMHP-1强抑制强封堵钻井液(SMHP-1钻井液):水+2.0%钠基膨润土+0.2%Na_2CO_3+0.5%NaOH+0.5%～1.0%抗高温降滤失剂SMPFL-H+1.0%～2.0%抗高温镶嵌成膜防塌剂SMNA-1+1.0%超细碳酸钙QS-2(粒度为1500～2000目)+0.5%～1.0%聚

胺 SMJA-1＋3.0%～4.0%KCl。

钻井液性能：线性膨胀率约为3%；滚动回收率大于94%。

3)现场应用

鹰1井三开大段泥岩地层钻进过程中，SMHP-1钻井液性能稳定，泥岩钻屑棱角分明，完整度高。在整个三开钻进作业期间，井眼始终稳定畅通，未发生井眼失稳问题，平均井径扩大率仅6%，三开钻井周期缩短36.9%，钻井效率超邻井15%以上，创造了当时ϕ311.1mm钻头钻深7 616.00m和ϕ250.8mm＋ϕ244.5mm套管下深7 614.62m的2项国内石油工程新纪录。

实例三：濮1-FP1井三开水平段油基钻井液。

1)基本情况

濮1-FP1井是部署在东濮凹陷中央隆起带濮城构造的一口非常规油气藏水平井，该井完钻井深为3 801.1m，水平段长1200m，目的层以白云质泥岩为主，完井方式为裸眼封隔器分段压裂，钻探目的是落实濮1块沙一段白云岩储集层性能及产能。

2)钻井液配方

濮1-FP1井三开水平段共配制240m^3油基钻井液，其配方：基油＋2%主乳化剂＋1%辅乳化剂＋4%有机土＋4%降滤失剂＋1%润湿剂＋5%氧化钙＋2%堵漏剂＋重晶石。

钻井液性能：密度1.25g/cm^3；马氏漏斗黏度36s；表观黏度45mPa·s；塑性黏度37mPa·s；API中压滤失量0.2mL；含砂量0.2%；可抗20%岩屑侵。

3)现场应用

该油基钻井液润滑防卡效果好，在水平段长1200m条件下无托压现象，通井、电测一次到底；稳定井壁能力强，水平段平均井径扩大率为8.2%；机械钻速快，水平段平均机械钻速为7.05m/h，而在同一层位水基钻井液的平均机械钻速为1.83m/h；减少了井下复杂情况，降低了钻井成本；同时为非常规油气藏开发提供技术支撑。

实例四：海上油田高油水比油基钻井液。

1)基本情况

海上X-3油田总体为被断层复杂化的背斜构造，油藏上倾方向被断层遮挡，主要是由岩屑石英粉砂岩和泥页岩不等互层构成的复杂断块油藏。海上X-3油田井壁易失稳，长稳斜段井眼清洁困难在钻进亲水性硬脆性泥页岩时，油基钻井液对钻井作业产生了不良影响：起下钻过程中产生泥球，影响了起下钻作业时效及井下作业安全；油基钻井液井下难以冲洗干净，导致固井效果不理想。

2)钻井液配方

白油(油水比为95：5)＋0.8%主乳化剂A-1＋1.1%辅乳化剂B-1＋1.6%润湿剂C-2＋2.5%CaO＋2.5%有机土＋30%$CaCl_2$盐水＋2%MORLF＋1%D-1＋3%MOLSF加重至1.5g/cm^3。

3)现场应用

优化后的油基钻井液滚动回收率可达92.68%，在X-3油田多口井现场钻井应用效果显著，其各项性能平稳，单趟井起下钻顺利，未出现泥球，钻井液满足了优快作业需求，保证了井眼清洁和畅通。

4.7 综合性工程案例的钻井液体系设计

每个实习小组可从本章前面6个小节中任选1个案例，进行文献调研、钻井液参数选取、钻井液配方体系设计和室内实验等工作，使用的实验仪器和实验步骤可参考本书第三章的相关内容。

实习由相关方向的研究生全程进行指导与协助。实习小组的成员应事先进行适当的分工，每个人承担相对固定的任务，最后集中汇总，小组的考核成绩将作为每个人的成绩。

主要参考文献

艾正青，叶艳，刘举，等，2017. 一种多面锯齿金属颗粒作为骨架材料的高承压强度、高酸溶随钻堵漏钻井液[J]. 天然气工业，37(8)：74-79.

蔡记华，刘浩，陈宇，等，2011. 煤层气水平井可降解钻井液体系研究[J]. 煤炭学报，36(10)：1683-1688.

单文军，陶士先，蒋睿，等，2018. 干热岩用耐高温钻井液关键技术及进展[J]. 探矿工程(岩土钻掘工程)，45(10)：60-64.

付帆，熊正强，陶士先，等，2018. 天然气水合物钻井液研究进展[J]. 探矿工程(岩土钻掘工程)，45(10)：71-76.

何福耀，王荐，张海山，等，2020. 反渗透钻井液在东海海域 H6-1 井的应用[J]. 海洋石油，40(3)：89-95.

黄维安，邱正松，王彦祺，等，2012. 煤层气储层损害机理与保护钻井液的研究[J]. 煤炭学报，37(10)：1717-1721.

黄熠，杜威，管申，2020. 密度可调高温水基钻井液体系构建及在南海油田中的应用[J]. 云南化工，47(4)：76-78.

黄聿铭，2017. 适于松科 2 井深部取心钻进的超高温聚磺钻井液室内研究[D]. 北京：中国地质大学(北京).

蒋国盛，施建国，张昊，等，2009. 海底天然气水合物地层钻探甲酸盐钻井液实验[J]. 地球科学(中国地质大学学报)，34(6)：1025-1029.

李天太，徐自强，康有新，等，2005. 英南 2 井预防水锁水敏的钻井液配方室内试验研究[J]. 西安石油大学学报(自然科学版)，20(4)：46-49＋98-99.

李亚刚，2020. 低固相高润滑双聚钻井液体系在地热井施工中的应用[J]. 探矿工程(岩土钻掘工程)，47(11)：55-59.

林永学，王伟吉，金军斌，2019. 顺北油气田鹰 1 井超深井段钻井液关键技术[J]，石油钻探技术，47(3)：113-120.

刘彬，薛志亮，张坤，等，2015. 煤层气 U 型水平连通井绒囊钻井液技术应用实践[J]. 煤炭科学技术，43(9)：105-109.

刘明华，孙举，王中华，等，2013. 非常规油气藏水平井油基钻井液技术[J]. 钻井液与完井液，30(2)：1-5＋89.

刘宁，徐会文，韩丽丽，等，2016. 南极冰钻钻井液应用性试验研究[J]. 探矿工程(岩土钻掘工程)，43(8)：11-14＋43.

刘政，李茂森，何涛，2019. 抗高温强封堵油基钻井液在足 201-H1 井的应用[J]. 钻采工艺，42(6)：122-125.

马双政，张耀元，南源，等，2020. 高油水比油基钻井液在海上油田的应用研究[J]. 化学工程师，34(8)：35-37.

孟庆鸿，2011. 松科 1 井复杂地层取心钻具及泥浆优化设计和应用研究[D]. 北京：中国地质大学(北京).

宁伏龙，吴翔，张凌，等，2006. 天然气水合物地层钻井时水基钻井液性能实验研究[J]. 天然气工业，26(1)：52-55+161.

彭天军，2019. 天然气水合物钻井液研究进展论述[J]. 中国石油和化工标准与质量，39(5)：60+62.

秦永宏，宋雪艳，张家栋，1994. 冷东地区松散砂岩优化泥浆工艺技术[J]. 油田化学，11(4)：287-291.

邱春阳，王刚，司贤群，等，2019. 沙 12 井钻井液技术及复杂情况处理[J]. 精细石油化工进展，20(3)：10-13+28.

全志刚，2007. PVA 无固相冲洗液在吉林珲春松林油页岩矿区水敏地层中的应用[J]. 吉林地质，27(1)：80-82.

邵明利，陈秀荣，2015. 露天煤矿松散地层钻孔护壁技术研究[J]. 露天采矿技术，36(6)：36-38，42.

盛海军，2019. 新城热 1-1 井成膜抑制钻井液研究与应用[J]. 地质装备，20(3)：33-35.

宋波凯，谢建安，阮彪，等，2019. 中拐-玛南地区钻井液体系优化与防漏堵漏技术研究[J]. 当代化工，48(1)：135-140.

宋兆辉，吴雪鹏，陈铖，等，2021. 低损害钻井液体系的性能及在川西低渗气藏的应用[J]. 油田化学，38(1)：7-13.

苏晓明，练章华，方俊伟，等，2019. 适用于塔中区块碳酸盐岩缝洞型异常高温高压储集层的钻井液承压堵漏材料[J]. 石油勘探与开发，46(1)：165-172.

汤凤林，张生德，蒋国盛，等，2002. 在天然气水合物地层中钻进时井内温度规程与钻井液的关系[J]. 地质科技情报，21(4)：96-100.

唐玉响，沈建文，王佩平，等，2009. 强水敏高孔高渗储层水平井储层保护钻井液技术[J]. 石油钻探技术，37(4)：46-49.

田惠，张克正，史野，等，2020. 低固相超高温钻井液的研究及应用[J]. 石油化工应用，39(10)：35-39.

田进，张易航，许明标，等，2021. 无黏土相盐水储层钻开液体系构建及其抗污染性能评价[J]. 精细石油化工，38(1)：7-11.

王成善，冯志强，吴河勇，等，2008. 中国白垩纪大陆科学钻探工程：松科一井科学钻探工程的实施与初步进展[J]. 地质学报，82(1)：9-20.

王京光，张小平，曹辉，等，2013. 一种环保型合成基钻井液在页岩气水平井中的应用[J]. 天然气工业，33(5)：82-85.

王李昌，王成善，张金昌，2019. 科学深井井壁稳定性机理分析及方法研究[J]. 地质装备，

20(4):25-28.

王增林,王其伟,2004.强化泡沫驱油体系性能研究[J].石油大学学报(自然科学版),28(3):49-51+55.

乌效鸣,蔡记华,胡郁乐,2014.钻井液与岩土工程浆材[M].武汉:中国地质大学出版社.

乌效鸣,胡郁乐,童红梅,等,2010.钻井液与岩土工程浆液实验原理与方法[M].武汉:中国地质大学出版社.

乌效鸣,张林生,郑文龙,等,2015.松科2井二开钻井液综合性能控制[C]//中国地质学会探矿工程专业委员会第十八届全国探矿工程(岩土钻掘工程)技术学术交流年会论文集.

谢显涛,杨野,罗增,等,2019.长宁地区页岩气水平井防塌钻井液体系设计[J].辽宁化工,48(12):1229-1233.

邢希金,2015.中国天然气水合物钻井液研究进展[J].非常规油气,2(6):82-86.

徐永霞,何勇,梁德青,等,2015.聚胺水基钻井液中天然气水合物生成过程实验研究[J].新能源进展,3(1):47-52.

杨树强,高元宏,蔡记华,等,2015.青海大场矿区永冻层低温钻井液试验研究[J].地质科技情报,34(3):230-234.

杨一凡,邱正松,李佳,等,2020.渤中19-6深部潜山高温气层保护钻井液技术[J].钻井液与完井液,37(4):476-481.

叶顺友,杨灿,王海斌,等,2019.海南福山凹陷花东1R井干热岩钻井关键技术[J].石油钻探技术,47(4):10-16.

尹亮先,章术,首照兵,等,2011.低黏度高比重钻井液在华泽煤田勘探中的应用[J].西部探矿工程,23(12):55-57.

岳前升,李贵川,李东贤,等,2015.基于煤层气水平井的可降解聚合物钻井液研制与应用[J].煤炭学报,40(S2):425-429.

曾金辉,马双政,赵新宇,2019.油田开发过程中储层伤害分析及解堵技术应用[J].科学技术创新(5):55-56.

张鹏飞,2021.耐低温钻井液在川藏铁路冬季钻探中的应用研究[J].西部探矿工程,33(5):83-85.

张文哲,李伟,王波,等,2019.延长油田水平井高性能水基钻井液技术研究与应用[J].非常规油气,6(5):85-90.

郑文龙,乌效鸣,朱永宜,等,2015.松科2井特殊钻进工艺下钻井液技术[J].石油钻采工艺,37(3):32-35.

周贤海,2013.涪陵焦石坝区块页岩气水平井钻井完井技术[J].石油钻探技术,41(5):26-30.

邹才能,朱如凯,吴松涛,等,2012.常规与非常规油气聚集类型、特征、机理及展望——以中国致密油和致密气为例[J].石油学报,33(2):173-187.